Interior Design Since 1900

1900年以来的室内设计

[增 订 版]

[英] 安妮·梅西 著

朱淳 闻晓菁 译

生活·讀書·新知 三联书店

目　录

序 言 |

　　室内设计的历史涉及建筑、设计、艺术和装饰，甚至还包括社会史和经济史，它关乎建筑内空间中的所有元素。本书通过对从 19 世纪末"艺术与手工艺运动"直至今日的室内设计、家居环境及其他方面的阐述，介绍了这个复杂而日益受到关注的课题。本书的前提是：任何设计，无论是专业人士的作品，还是出自居住者之手，都是设计历史长河之中的一部分。其间，室内设计中所有最重要的风格转变，以及相关的社会、政治、经济和文化背景，都被载入书中。

　　以"艺术与手工艺运动"（Arts and Crafts Movement）为开端，建筑师开始加入艺术家的行列，并像关注一幢建筑的外部一样去关注建筑的内部世界。唯美主义和新艺术运动时期的建筑师和设计师们则以更明快、更有机的格调去迎合有鉴赏品位的客户的需要。

　　20 世纪的第二个十年，大规模生产带来的新问题促使现代主义运动中的建筑设计师们去寻找设计实用性室内空间的途径，同时也提出了一种全新的美学观念。为尝试提供更好的居住条件和工作环境，现代主义运动创造了一种意识形态上积极的、不加装饰的、简朴的及纯粹的设计类型。国际性的现代主义的影响一直延续至今。

然而，在20世纪20年代和30年代的室内设计中还有着另一股支流，它使得装饰艺术再焕风采，那就是无与伦比的法国装饰艺术（French Art Deco）。这一奢华装饰运动与美国的现代风格结合在一起，最终在各个层面影响着室内设计，从无名氏设计的郊区起居室到当时新兴的并为妇女所主宰的职业——室内装饰业的专业作品。而20世纪60年代，随着研究生课程的开设和所有设计领域的日益专门化，室内设计职业逐渐形成。

在20世纪50年代和60年代，现代主义的准则开始受到质疑，首先是消费主义者和波普设计运动倡导者提出他们的"抛弃"美学观，然后是来自70年代和80年代日趋增长的折中主义和复古倾向。诸如此类审美情趣的变化是出自何种原因、在何时以及如何发生的，这些令人着迷的问题，本书的各章节都将一一述及。

第 1 章

维多利亚风格的改良

19世纪，对室内设计产生最重要影响的是"艺术与手工艺运动"。这一发源于英国的运动，对20世纪的设计领域产生了十分深远的影响。

18世纪下半叶发生于英国的工业革命孕育出了一种全新的社会经济结构。在工业化与城市化的双重推动下，整个欧洲都强烈地渴望改革现有生活方式与理念。至19世纪中期，国运昌盛的英国因在对外贸易方面所具有的优势而位居世界列强之首，并借助着资本主义的经济基础，一个富裕的中产阶级应运而生。在此之前，室内设计风格的主要变化往往与贵族阶层相关，建筑师、装饰设计师包括家具商们均服务于贵族，但这些都随着工业革命的推进而改变了。一个新生的中产阶层正在不断壮大，纵然他们自身的审美修养尚达不到对艺术的精准理解，也不具备艺术判断的能力，却依然痴迷于在视觉上得到满足，并去表现与炫耀，以便匹配他们与日俱增的财富。

维多利亚时代的中产阶级一般都居住在城市近郊的新式庄园里。当时的繁文缛节对这类简单朴素的三层式楼房的室内形态都做了规定，包括居住者在家中的饮食起居方式。于是，大量关于社交和室内装饰的指南手册便涌现出来，其中以比顿

（Beeton）女士编撰的《家务管理手册》（*Book of Household Management*）为先，该书于1861年首次在英格兰出版；继而是达菲（E. B. Duffey）女士于1871年在美国出版的《妇女须知》（*What a Woman Should Know*）。这些手册制定了一系列有关宾客接待、宴会组织及用人管理的规范，由此当时社会在家庭治理方面所表现出的严谨与刻板可见一斑。

诸如墙纸、织物和地毯之类的家庭装饰品当时已被批量生产，并且一上市就被中产阶级争先购买，他们想通过模仿有钱人家起居室的家居陈设，来仿效上流社会。这种起居室通常是用来会客的，其墙面上通常悬挂带有蕾丝坠饰的厚窗帘，地面上常铺有布满图案的地毯，并摆放色调浓郁的靠垫座椅和精美华丽的家具等，同时，设计师还尽可能地在空间内布置大量饰品、装饰画等，以便呈现出舒适、华贵而又大气的氛围。这些家具通常可以在新型百货商店中买到，在美国还可以邮购。在19世纪70年代，美国的一些生产商如McDonough、Price and Co.等公司设计制作的七件式组合家具系列，均选用华丽的织物，并配有纽扣、簇饰、褶皱及缘饰等细节装饰，创造出奢华的感官效果。而在19世纪40年代的法国，则流行装有内置弹簧的座椅，这种座椅到了19世纪50年代俨然成为多数起居室的共同选择。弹簧座椅之所以流行并非仅仅因其所具有的舒适性，更重要的是因为它满足了人们视觉上的要求：弹性使得座椅在使用之后能迅速恢复到先前的平整状态。订制维多利亚时代的起居室布局的首要目的在于要给人留下深刻印象，甚至工人阶级的家庭主妇也有这种需求。

维多利亚时代的中产阶级彰显尊享安逸和富足的渴望无所不在，但无论如何，由此带来的审美新标准都令当时的批评家们感到不安，于是在19世纪涌现出大量对审美修养与室内设计提出建议的著述。A.W.N.普金（Augustus Welby N. Pugin, 1812～1852）以降的作者们赋予"优秀的"设计以高尚的道德标准。普金领导了一场推崇哥特式风格（Gothic style）的运动，他相关的著作《对照》（*Contrasts*, 1836）及另一部更翔实的《尖券建筑或基督教建筑之原理》（*The True Principles of*

Pointed or Christian Architecture, 1841）将其自身的天主教信仰与 13 世纪晚期至 15 世纪的建筑思想关联起来。对普金来说，哥特式风格是正义的基督教社会应有的表现形式，这样的社会与具有种种弊端的 19 世纪工业化社会反差强烈。在维多利亚时代，"哥特式复兴"主要是由普金及其为查尔斯·巴里爵士（Sir Charles Barry, 1795 ～ 1860）设计的新议会大厦（House of Parliament）进行的室内设计而引发的。这一风格的使用一直延续到 20 世纪，并渗透进"艺术与手工艺运动"的进程中。

　　哥特式风格的复兴，被设计师威廉·伯奇（William Burges, 1827 ～ 1881）以一种更为辉煌的形式呈现出来，尤其体现在他为另类的豪门客户比尤特侯爵（Marquis of Bute）创作的作品中。伯奇堪称两部"哥特式狂想曲"的作品，分别是卡迪夫城堡（Cardiff Castle, 1868 ～ 1881）和紧邻的红色城堡（Castell Coch, 1875 ～ 1881）。室内奢华而张扬的装饰基调是维多利亚时期倾向于将中世纪浪漫化的典型表现。色彩明艳的墙壁与天花板伴有雕饰和镀金，房间里也装点着源于基督教会的雕饰或绘画形象。伯奇设计的家具十分厚实，并饰以尖拱式或类似的雕刻，

1. 20 世纪初期，工人阶层生活的室内环境。即使是最简朴的家庭，也非常重视室内装饰。图中可见用垂褶布帘覆盖的壁炉架

2. 纽约的客厅，摄于1894年。华丽的表面装饰、惹人注目的软垫，融合了19世纪晚期的室内装饰典型特点，明显是受到法国装饰风格的影响

其灵感都来自哥特式建筑和家具。

普金的作品对于19世纪英国艺术与设计界的先驱作家约翰·拉斯金（John Ruskin, 1819 ~ 1900）来说无疑是一种鼓舞。拉斯金在英国《泰晤士报》上发表的文章以及《建筑的七盏明灯》（*The Seven Lamps of Architecture*, 1849）和《威尼斯之石》（*The Stones of Venice*, 1851 ~ 1853）等著作，都影响了当时室内设计的品味。他反对当时颇为普遍的用一种材料模仿另一种材质的做法，也反对在哥特式无法被超越时创造一种新风格的尝试。与普金一样，在拉斯金看来，周边的丑陋现象正是这场工业革命带给大众的悲惨处境的必然结果。拉斯金强烈反对当时维多利亚风格统治下盛行的为彰显主人的财富与地位而在房间内堆砌无度的做法。他在《建筑的

七盏明灯》中写道："……我不会将花销用于不起眼的装饰与死板的形式上；不会去制作天花板的檐口、门上的漆饰木纹、窗帘的流苏，以及诸如此类的东西；不会去拥有那些已经变成虚伪而粗鄙的俗套的东西——整个行业依赖于这样的日用品，这些东西从来没有给人以一丝愉悦感，也没派上一丁点儿的用处——它们耗去了人生一半的开支，并且毁掉了人生中大半的舒适、阳刚、体面、生气与便利。"

"我所确信的是，"拉斯金在文中继续讲道，"比起头顶精雕细刻的天花板，脚踩土耳其地毯，背靠钢质的炉架和精致的壁炉挡板，我宁愿选择待在简朴的小农屋，它的屋顶与地板只铺松木，灶台仅仅用云母片岩砌成。我敢肯定，这在许多方面都更健康而令人快乐。"

拉斯金对新式的批量生产家具与室内陈设的批评，于他刊登在1854年5月25日的《泰晤士报》的一封信中再度表露出来，文中讨论了画家威廉·霍尔曼·亨特（William Holman Hunt）的名为《良心觉醒》（*The Awakening Conscience*, 1854）的一幅关于通奸主题的画作，拉斯金认为对于室内设计来说，这是一种"致命的新奇"。对拉斯金而言，这种新式家具与道义、美德简直是水火不容。

拉斯金对批量生产的家具的抵制与他对过去的设计的鼓吹，影响了整整一代的作家与设计师，其中最为著名的便是身为社会主义者、设计师及"艺术与手工艺运动"发起人的威廉·莫里斯（William Morris, 1834～1896）。莫里斯为了"让我们的艺术家成为手艺人，让我们的手艺人成为艺术家"而发起了19世纪80年代的"艺术与手工艺运动"，使室内设计与家具及陈设品的生产成为建筑师及艺术家的正当职业。莫里斯在牛津大学埃克塞特学院（Exeter College）完成了神学课程之后，对神职人员的生涯渐生倦意，转而对建筑艺术产生了浓厚兴趣。在抛弃神职成为一名艺术家之前，他曾在哥特复兴式建筑师乔治·埃德蒙·斯特里特（G. E. Street, 1824～1881）的事务所工作过，不过这份工作不久便终止了。1859年，莫里斯与简·伯登（Jane Burden）结婚，之后的他全身心地投入到了设计事业之中。

在斯特里特的设计事务所实习期间，莫里斯结识了同事菲利普·韦伯（Philip

3. 威廉·霍尔曼·亨特:《良心觉醒》(油画), 1854 年。对拉斯金来说, 画作中爱巢的主题更多地表现在家具的花哨和惹眼的光泽上, 比如钢琴侧面看似并不相衬的烦琐饰面

Webb, 1831 ~ 1915），后来莫里斯受其委托设计了他位于肯特郡（Kent）的新居——红屋（The Red House, 1859 ~ 1860）。这座位于伦敦近郊贝克斯利希思（Bexleyheath）的新居即将完工的时候，莫里斯希望在室内展现一种能与韦伯的乡土建筑相协调的风格，于是邀请他的朋友们一起装饰了整个室内空间，其中包括房屋的设计者韦伯、拉斐尔前派艺术家但丁·加布里埃尔·罗赛蒂（Dante Gabriel Rossetti, 1828 ~ 1882）以及年轻的艺术家爱德华·伯恩–琼斯（Edward Burne-Jones, 1833 ~ 1898）。在乔治王朝末期，意大利风格被视为装饰准则，而这些艺术家们在这幢用红砖砌成的朴实无华的英式乡村住宅内融入了中世纪与17世纪的艺术特征。正是这样一幢毫无矫饰的建筑，在莫里斯独具匠心的设计之下，室内外空间达到和谐完美的映衬。不同于当时的维多利亚时代的主流设计，红屋内的设施与家具简洁而坚固，楼梯、横梁和家具等均采用栎木而不是珍贵的红木；贴满红色瓷砖的大厅与红砖外墙、砖制的壁炉和谐统一；所有的纺织品均由莫里斯和他的朋友们亲自设计并以手工制成，连摆放在门厅入口处的橱柜都是由伯恩–琼斯亲手绘制的。

与拉斯金一样，莫里斯也极其憎恶这个时代批量生产出来的家居用品，并且将它们与工人阶级所忍受的残酷的生存与工作环境等同视之。他坚信：好的设计只能出自男人和女人们创造性劳动的双手。

莫里斯不仅是个忠实的马克思主义者，还是个成功的企业家。基于红屋的成功，他在1861年成立了莫里斯·马歇尔·福克纳联合公司（Morris, Marshall, Faulkner & Co.），进行纺织品、家具及地毯的专业设计与制作。1875年时这个公司变为莫里斯公司（Moriss & Co.），莫里斯成为这个公司的唯一所有人，继续推进手工木刻印刷墙纸和纺织品的设计和生产，这些设计至今仍备受欢迎。莫里斯公司最重要的作品是位于伦敦的南肯辛顿博物馆（South Kensington Museum, 即现在的维多利亚与阿尔伯特博物馆）内一家名叫"绿色餐厅"（Green Dining Room, 1865 ~ 1867）的设计。韦伯总体把握茶室的规划布局，还负责墙壁以日本文化为灵感的石膏浮雕部分；伯恩–琼斯负责设计文艺复兴风格的彩色玻璃和护墙板。随

4. 位于伦敦贝克斯利希思的红屋的门厅，该建筑由菲利普·韦伯于1859~1860年为威廉·莫里斯和他的新婚妻子设计建造。其中简洁的楼梯和高挑的橱柜，设计灵感均来源于哥特建筑风格。橱柜门面上的亚瑟王的浪漫故事由艺术家伯恩–琼斯绘制

后的家居室内设计的项目还包括为温德姆先生（Hon. Percy Wyndham）设计的云屋（Clouds, 1879 ~ 1891）——一座位于英国威尔特郡（Wiltshire）西部小镇东诺伊尔（East Knoyle）的住宅，还有位于斯塔福德郡（Staffordshire）的怀特威克庄园（Wightwick Manor），它是现存最优秀的室内作品之一。然而，莫里斯对于室内设计随后的发展又产生了什么样的影响呢？

　　莫里斯和志同道合的同伴对道德的追求，促成了一种手工艺行会的关系网络，其中包括诸如查尔斯·罗伯特·阿什比（Charles Robert Ashbee, 1863 ~ 1942）团队那样的小型的艺术家、设计师团队。他的手工艺行会（Guild of Handicraft）在1888年于伦敦东区创建，并在1902年后迁到位于格洛斯特郡的奇平·卡姆登（Chipping Camden, Gloucestershire），不切实际地试图在一个农村社区里成就莫里斯的手工艺生产的理念。另一个类似的组织是艺术工人行会（Arts-Workers' Guild），其性质相近于侧重建筑的英国皇家建筑师学会及侧重艺术的皇家美术学院，于1884年成立。该行会的建筑师和手工艺人，包括设计师沃尔特·克

兰（Walter Crane, 1845 ~ 1915）、刘易斯·戴（Lewis F. Day, 1845 ~ 1910）及建筑师勒沙比（W. R. Lethaby, 1857 ~ 1931）等人，都十分敬仰拉斯金和莫里斯。行会为手工艺技术与风格等问题的公开讨论、交流创造了一个重要平台，但并不涉及实质性的生产。其中的一些成员后来还成立了艺术与手工艺展览协会，自1888年以

5. 莫里斯主张在室内装饰中采用壁挂装饰，并使用乡村风格的简朴家具。如他自己建于1880年、位于哈默史密斯（Hammersmith）的凯尔姆斯科特住宅（Kelmscort House）客厅的墙上就悬挂了他自己设计的壁毯——"鸟"；左侧莫里斯公司1866年出产的可调节椅，则是由著名的萨塞克斯椅发展而来；由菲利普·韦伯设计的靠背长椅则兼具了乡村风格与中世纪的格调

6. C.F.A.沃伊齐："果园"的门厅，乔利伍德，1899年。沃伊齐简洁的个人风格体现出"艺术与手工艺运动"的思想理念，并在欧洲大陆产生广泛的影响

后，专门组织各种艺术与手工艺作品的展览。

　　莫里斯不仅推进了设计的革新，更发展了通过手工艺品制作来训练设计师的新方法。此前，在手工艺品制作过程中，设计与制作是截然分开的两个过程。建筑师威廉·理查德·勒沙比最伟大的成就，便是在1894年成立了伦敦中央工艺美术学院（London Central School of Arts and Crafts），这也是第一所拥有手工艺教学车间的艺术院校。

　　购置新发现的古董来装饰室内也首次成为一种时尚，这完全因为受到拉斯金和莫里斯的影响。被认为是罗赛蒂的作品并由莫里斯公司生产的萨塞克斯椅（Sussex Chair），是对早期乡土样式的再创造。然而，罗赛蒂于1862年搬迁到伦敦切尔西（Chelsea）的新住宅时，他为新居所选配的家具，则出自不同时期，兼具多种风格。19世纪80年代的"艺术与手工艺运动"的关键之处在于，一把椅子，无论它的设计是源于17世纪还是19世纪，都应突显其手工制作痕迹，并且人们可以看到关节接合处。结构表露越清晰，部件就越真实，这与被主流推崇的那种机器雕琢的、打磨精致的装饰面之间的对比也就愈加强烈。这一风潮导致了"古董运动"（Antiques Movement）的兴起，这场运动在19世纪末发展势头强劲，并且得到行家商人们的支持，出版的各种家具史书籍也力推这场运动。

然而，莫里斯及"艺术与手工艺运动"对随后的室内设计产生的影响大都体现在艺术形式上，而非理念层面上。莫里斯公司生产的"真实"的家具，价格昂贵且限量出售。他本人是个颇具天赋的图案设计师，例如他的印花布设计作品"郁金香"（*Tulip*, 1875）和"龙虾"（*Cray*, 1884），都汲取了自然元素的交织线条和形态，这些随后激发了英国、美国及欧洲大陆的设计师们的创作灵感。

沃伊齐（C. F. A. Voysey, 1857 ~ 1941）是"艺术与手工艺运动"第二代建筑师，秉持尊重乡土与真实的手工技艺的原则进行房屋及室内设计，他将兴趣扩展到其设计项目中的壁纸、纺织品、地毯乃至家具。位于赫特福德郡乔利伍德（Chorleywood, Hertfordshire）的"果园"（The Orchard, 1899），是沃伊齐自己的住所，便是以英国乡村样式为基础设计的，带有壁炉隅（巨大的近火炉的凹形角落）与朴素的家具。但沃伊齐对比例的把握极为大胆，这一特点也影响着另一个建筑设计师查尔斯·伦尼·麦金托什（Charles Rennie Mackintosh, 详见本书第二章）。在"果园"的设计中，沃伊齐将厅堂大门的高度提升到画镜线之上，其宽度被几乎横跨整个门的带心形尖端的金属折页所夸大。其设计的另一个特点是将室内的木质器具及天花板都漆成白色，并与大面积的玻璃窗相结合，尤其是在餐厅，这种维多利亚时代早期风格的设计使得室内十分明亮，甚至是耀眼。沃伊齐坚信朴素、真实的室内陈设与家具是要优先考虑的，这一点是压倒一切的。与沃伊齐同时代的另一位建筑师麦凯·休·贝利·斯科特（Mackay Hugh Baillie Scott, 1865 ~ 1945），则更多的是在家居空间中使用色彩并突出装饰细节，例如在窗户上运用彩色玻璃，或在墙上印制图案等。

1895年1月的《工作室》(*The Studio*)发表了贝利·斯科特颇有影响力的一篇文章，题为《一座理想的郊外别墅》。文中展现了一个大胆的布局设计：一座高大的中世纪风格的大厅，其底楼有一条音乐长廊，对面墙上有一个壁炉隔，它由一个延伸出来的过道构成。与众不同的是，这些房间是由折叠屏风来分隔的。贝利·斯科特将《一座理想的郊外别墅》中大部分的布局设计都在他位于海伦斯堡的"白房子"(The White House, 1899 ~ 1900)里一一实现了。在其作品发表于《工作室》杂志之后，斯科特前往欧洲和美国寻求新的设计项目。1901年，经营《室内装饰》(*Innen Dekoration*)杂志的德国出版商亚历山大·科赫(Alexander Koch)组织了一次设计"艺术爱好者之家"的竞赛，贝利·斯科特在竞争中脱颖而出。漆色的木质品以及对纵向元素的强调——突出地表现在音乐室的空间处理上——这将其室内设

7. 埃德温·勒琴斯：起居室，教区花园，桑宁，1901年。詹姆斯一世风格的家具、裸露的橡木地板和镶板及外露的横梁，都唤起了人们对"经久耐用"和"手工技艺"的回味及对古老英国乡村气息的怀念

8. 贝利·斯科特设计的色彩缤纷的音乐室，使其赢得1901年的"艺术爱好者之家"设计竞赛

计与新艺术（Art Nouveau）风格联系起来。

　　1905年，在影响力稍弱的莱奇沃斯的廉价村舍（Letchworth Cheap Cottages）的设计竞赛中，贝利·斯科特也取得了成功。其作品位于赫特福德郡的莱奇沃斯花园城（Letchworth Garden City），是用于住宅开发服务的建筑之一，它面向工人阶层，采用较为经济的"艺术与手工艺"风格，旨在提供实用、益于健康的房子。其他的花园城项目还包括汉普斯特德花园郊区（Hampstead Garden Suburb），该项目在建筑师埃德温·勒琴斯爵士（Sir Edwin Lutyens, 1869 ~ 1944）的监管下，于1907年在伦敦北部开始兴建。勒琴斯在20世纪之初成为"艺术与手工艺运动"风格的中型郊区住宅设计师。他设计的教区花园（Deanery Gardens）位于伯克郡桑宁（Sonning, Berkshire, 1799 ~ 1901），建筑外部一半采用木结构，内部则几乎为

9. 峭壁山庄的餐厅炉边，理查德·诺曼·肖设计，诺特伯兰郡，1870~1885年。壁炉上方刻有铭文："无论东西方，唯哈姆最棒"，突显出对家居室内设计的关注将会持续到20世纪。由莫里斯公司的伯恩－琼斯设计的彩绘玻璃将艺术引入家居空间。哥特复兴式的拱门处坐着的悠闲的工业大亨——阿姆斯特朗·威廉爵士本人也因此被描绘成一位开明的乡绅

裸露的横梁、白色的粉刷墙及光秃的地板。只是，这种设计在当时已不再被认为是具有革命性意义的作品了。乡土建筑与简洁的手工家具所具有的激进的暗示正逐渐屈服于一种复杂而持久的不列颠意识，这种意识即是：英国本来就是一个有着悠久、浪漫的乡村历史的国度。

　　直到19世纪90年代，"艺术与手工艺运动"已促成新艺术运动的产生以及现代主义运动（Modern Movement）的兴起，此时它才开始对欧洲大陆的设计产生影响。尽管如此，美国的室内设计却深受莫里斯及其追随者的变革理念与自然主义风格的影响，这也与美国人越来越强烈的开拓精神及个人主义意识相一致，美国人希望在其设计中体现出民族特征。在美国，许多组织均依照英国模式而建立，

其中包括1885年成立的美国艺术工作者行会（American Art Workers'Guild），1897年成立的芝加哥艺术与手工艺协会（Chicago Art and Craft Society）以及1899年成立的明尼阿波利斯艺术与手工艺协会（Minneapolis Art and Craft Society）等。美国人通过那些重要理论家的巡回演讲来了解英国的动态，特别是设计师克里斯托夫·德雷瑟（Christopher Dresser, 1834 ~ 1904）1876年举行的演讲，还有阿什比分别于1896年和1900年举办的演讲。此外，《工作室》也在美国出版，并易名为《国际工作室》（*International Studio*）；英国设计的新动向主导了诸如《美丽家居》（*House Beautiful*）与《手艺人》（*The Craftsman*）这样的美国期刊，前者创刊于1896年，后者由美国艺术与手工艺设计师古斯塔夫·斯蒂克利（Gustav Stickley, 1857 ~ 1942）于1901年创办，而此前他对欧洲进行了一次广泛而全面的考察。莫里斯公司的商品也由此得以出口到美国，并由芝加哥的马歇尔·菲尔德百货批发商店（Marshall Field Wholesale Store）供应出售。

　　美国格林兄弟联合建筑公司（Greene and Greene）的查尔斯·萨姆纳·格林（Charles Sumner Greene, 1868 ~ 1957）除了从《国际工作室》杂志中收集相关信息外，还曾经为了更直接地了解"艺术与手工艺运动"而游历英国。在1907年至1909年间，查尔斯和他的兄弟亨利·马瑟·格林（Henry Mather Greene, 1870 ~ 1954）一起，在加利福尼亚设计了四座颇具"艺术与手工艺"风格的住宅：布莱克住宅（Blackers）、甘布尔住宅（Gambles）、普拉特住宅（Pratts）和梅贝克住宅（Maybecks）。1908年设计的甘布尔住宅（David B. Gamble House）位于美国帕萨迪纳（Pasadena），内部的木质构架十分清晰，用工艺精致的销子固定的接合点极具视觉效果，这项设计团队由二人现场指导，由技术娴熟的工匠完成。两位建筑师将彩色铅玻璃大量运用于他们设计的窗户、门和照明装置上，同时还大量使用了手工家具。格林兄弟的设计与英国的"艺术与手工艺"风格的住宅设计方案已经相去甚远，他们的设计已经将台阶、走廊与庭院都包括在内，整合了室内与花园两部分。无论如何，这些依然要归因于威廉·莫里斯与英国家居风格的复兴（始于韦

10、11. 古斯塔夫·斯蒂克利：诞生于 1902 年的靠背椅和诞生于 1905~1907 年的长靠椅。从保留木材的素色以及显露连接节点等细节处都不难发现，斯蒂克利的被称为"工匠风格"的家具，遵循了莫里斯及其他英国"艺术与手工艺运动"设计师的理念。与此同时，斯蒂克利坚信其设计充分体现了"美国观念中根深蒂固的对牢靠和直率的信奉"

12. 甘布尔住宅的客厅，帕萨迪纳，1908年，格林兄弟设计。精美的木质工艺和彩色玻璃体现出加州式的"艺术与手工艺"风格。椅背和壁炉的木质框架受到了日本设计的影响

13. 欧米茄作坊：查尔斯顿农舍的室内装饰，萨塞克斯，20世纪20年代。墙壁、屏风、橱柜，甚至是木箱均由艺术家绘制

伯的红屋，继之于沃伊齐和斯科特的工作）的影响。

　　威廉·莫里斯认为，室内空间应该表现出鲜明的艺术特性，他的这一观念持续影响着整个20世纪的室内设计师们。在英国，艺术评论家罗杰·弗赖伊（Roger Fry）于1913年成立了欧米茄作坊（Omega Workshops），开始把来自画家的灵感发挥、运用到家居装饰上。画家邓肯·格兰特（Duncan Grant）和瓦内萨·贝尔（Vanessa Bell，曾是著名的"布鲁姆伯利团体"的成员——译注）也加入到弗赖伊的队伍中。他们在一些世俗且通常粗陋的家具上进行绘画装饰，并大胆地将亨利·马

14. 莱昂·雅洛：餐厅，法国布列塔尼，1926年。餐厅设计受"艺术与手工艺运动"的影响，唤起了设计师对于传统乡村风格观念的回归

15. 素面橡木家具，戈登·拉塞尔（Gordon Russell）于伍斯特郡百老汇制作，1925年。朴实的乡村风格持续贯穿了大半个世纪

蒂斯（Henri Matisse）的作品应用到织物设计中去。位于英国萨塞克斯的查尔斯顿农舍（Charleston Farmhouse）是一处农家院落，一群由波希米亚人①组成的团体——"布鲁姆伯利团体"②将这里当作乡间别墅。室内的每一幅绘画都出自团体成员之手，具有强烈的色彩搭配与大胆的后印象主义（Post-Impressionism）风格。到了20世纪80年代，经营流行时装与服饰的零售商劳拉·阿什利（Laura Ashley）又开始将基于格兰特和贝尔绘画而设计的墙纸及织物作品推向市场。

在19世纪90年代的这段时间里，中欧的"艺术与手工艺运动"发展势头迅猛，甚至直到1925年举办的巴黎装饰艺术博览会（Paris Exposition des Arts Décoratifs）上，仍可以明显地觉察到它留下的痕迹。博览会上，由约瑟夫·柴可夫斯基（Joseph Czajkowski）设计的波兰馆采用源于民间艺术明快的彩绘作为装饰，希腊展区则展现了希腊农居（Greek Peasant Dwelling）。

威廉·莫里斯的设计同时也鼓舞了19世纪60年代末至70年代的唯美主义运动（Aesthetic Movement），这是一种英国非传统的改良主义设计风格，在美国产生了巨大影响。唯美主义运动的另一主要灵感是日本设计。1862年，英国驻东京领事卢瑟福·阿尔科克（Rutherford Alcock）在伦敦举办的国际博览会上展示了一批其收藏的日本手工艺品，英国公众才第一次见到日本设计。这些朴素而又富有异国情调的蓝白瓷器、丝绸及漆器深深吸引了英国的设计师，激发了他们急切地寻求另一种风格，来替代批量生产化的复古主义与奢华。展会上，大部分的日本展品被法默和罗杰斯公司（Farmer and Rogers）收购，以充实他们销售日本丝绸、印刷品和漆器的"东方宝库"（Oriental Warehouse）的存货。1862年，公司聘用了阿瑟·拉桑比·利伯缇（Arthur Lasenby Liberty, 1845～1917），1875年他买下公司全部的日

----

① 这里指那些自外于社会、不受传统束缚的艺术家、作家等，波希米亚人让人联想到四处漂泊的吉卜赛人。——译注

② Bloomsbury Group, 20世纪初至"二战"前，英国一个经常在伦敦布鲁姆伯利地区聚会的知识分子小团体。——译注

本存货，并创建了自己的东方商场（Oriental Bazaar）以销售市面上流行的日本风（japonisme）商品。不久，他又开设了利伯缇商店（Liberty's），将东方的陶瓷和纺织制品搭配英国设计的金属制品和家具，以创造时髦的室内装饰时尚，由此形成了独特的利伯缇公司的风格。

唯美主义运动缺乏"艺术与手工艺运动"所具有的道德关怀。它的目标仅仅是为品位已然成熟的维多利亚时代的中产阶级创造一个更为轻松、健康的"艺术性"室内空间。其间，这场运动中的建筑－设计师埃迪斯（R. W. Edis, 1839 ~ 1927）在

16. 唯美主义品味的浓缩：孔雀大厅，餐厅内有展示东方瓷器的嵌入式陈列架和东方风格的隔板，艺术家詹姆斯·麦克尼尔·惠斯勒将房间涂以鲜艳的蓝色，并以金色孔雀和雏菊为装饰

17. 利伯缇商店设计的时尚卧室，1897 年。灯具，优雅的织物及壁纸图案，一张安妮女王复兴风格的精美边桌，一架金属床架（而非木质）益于健康并易于清洁，所有这一切均体现出"艺术与手工艺运动"及唯美主义运动的改革目的

他的著述《健康的家具设计与装饰》（*Healthy Furniture and Decoration*, 1884）一书中，强调在卧室里不应使用带有"刺激的、令人不快的色彩和图案"，因为这些容易使人"神经过敏、紧张"。尽管有对健康的关怀，但"为艺术而艺术"的口号还是道出了这场运动的旨趣所在，它与莫里斯的政治抱负形成了鲜明对比。1882 年，阿瑟·海盖特·麦克默多（A. H. Mackmurdo, 1851 ~ 1942）创建了为时短暂的世纪行会（Century Guild）。该组织与威廉·莫里斯的信念一致，同样试图将优秀的艺术融入日常的生活之中，于是设计并展出了融合自然主义装饰风格的家具、纺织品和墙纸等，其中也包括了效仿莫里斯曾运用过的带有形态纤细、色彩艳丽的日本

风格设计元素的作品。

　　建筑师理查德·诺曼·肖（Richard Norman Shaw, 1831 ～ 1912）早期设计的住宅建筑与"艺术与手工艺运动"所倡导的风格在很大程度上具有共同之处。他常在暖和而带镶板装饰的房间中设计壁炉隅和厚重的橡木家具。他设计的位于诺森伯兰郡的峭壁山庄（Cragside, Northumberland, 1870 ～ 1885）就是一个典型的例子，这也是第一座采用水力发电进行室内照明的住宅建筑。与此同时，诺曼·肖开创出

18、19. 查尔斯·洛克·伊斯特莱克设计的餐具柜，质朴而实用，"只需一瞥，便知其用"，如同在他的畅销书《家居品味指南——家具、装饰材料及其他》中的插图所示（1878年版，左下图）。右下图，"艺术家具"摆放环境。埃迪斯绘制的客厅插图呈现了彩绘的顶角檐壁、莫里斯公司设计的墙纸、爱德华·W.戈德温设计的椅子（图中左侧），而陈列着瓷器的碗柜，带有绘有代表四季的四个柱头

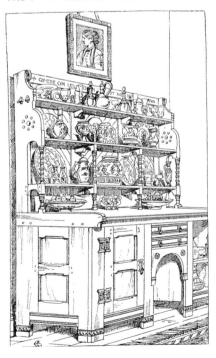

20. 世纪行会在1886年利物浦国际会展中展出了阿瑟·海盖特·麦克默多的家具设计，呈现出修长的造型与来自日本的灵感

一种以"安妮女王式"（Queen Anne）著称于世的与众不同的建筑风格，为人们营造一个明亮、舒适、优雅的居室氛围。另一处位于伦敦切尔西的老天鹅别墅（Old Swan House, 1875～1877），室内装饰采用的是"安妮女王式"的桌椅、橱柜和日式蓝白色相间的器物。作为主要房间的起居室设在一楼，房间宽度横跨了面向街道的整个立面，由此将三扇"安妮女王式"的窗户一并容纳到了一个房间中。

利物浦船业大亨弗雷德里克·莱兰（Frederick Leyland），也是一位日本陶瓷收藏家，他的孔雀大厅（Peacock Room）堪称唯美主义品味的典范。画家詹姆斯·麦克尼尔·惠斯勒（James McNeill Whistler, 1834～1903）将用皮革覆盖的壁面刷成令人惊叹的青绿色，并画上金色的孔雀，这是这场运动的典型象征。而在伦敦肯辛顿（Kensington）还有一座宽敞又别具异国情调的住宅，出自设计师乔治·艾奇逊（George Aitchison, 1825～1910）之手，是其为时髦的艺术家雷顿勋爵（Lord Leighton）设计的。该建筑构思独特，拥有一个阿拉伯式的庭院，内部设有喷水池、格子框架，还铺有伊斯兰瓷砖。相比之下，平面艺术家林利·桑伯恩

（Linley Sambourne）的新式住宅就显得更为朴实。房子位于肯辛顿的斯塔福德露台（Stafford Terrace），从 1874 年开始其主人以唯美主义风格对其进行装饰，如今由维多利亚协会（Victorian Society）保管。设计于 1870 年的伦敦城郊的贝德福德公园（Bedford Park）是诺曼·肖等人为趣味相投的中产阶级审美家们设计的住宅区。

在 1882 年至 1883 年间，英国剧作家、诗人奥斯卡·王尔德①举行了巡回演讲，向美国民众介绍时髦的英国趣味。王尔德当时刚刚将他位于切尔西泰特大街（Tite Street, Chelsea）的住宅交给爱德华·W. 戈德温（E. W. Godwin, 1833～1886）进行重新装修设计。戈德温是唯美主义运动中的一位建筑师，王尔德本人也正是通过这次合作了解到了唯美主义运动的原则。在将英国设计传播到美国的过程中，书籍也发挥了重要作用。查尔斯·洛克·伊斯特莱克（Charles Locke Eastlake）1868 年在伦敦出版的《家居品味指南——家具、装饰材料及其他》(*Hints on Household Taste, in Furniture, Upholstery and Other Details*)，1872 年到 1890 年间在美国出了 7 版。书中，伊斯特莱克抨击了专业装饰公司的做法，斥责他们一味煽动昙花一现的潮流："在主妇们的眼里，没什么家具饰品能比最时髦的家具饰品商所卖的东西更好……究竟从何时起，人们竟开始接受'最新潮的样式必然是最好的'这种荒唐的观念了？难道高品位的标准已进化到任何出自陶工之手的马克杯都比最差的模制杯子好看的地步了吗？"

受莫里斯的影响，伊斯特莱克极力推崇他的结合了哥特复兴式设计的古董家具。这些家具包括装饰有尖拱与雕刻出来的哥特式饰物的坚固的柜子、长凳和书橱。然而，与他那符合美国人的审美想象的哥特式风格相比，他的著述更具有改革精神。他的书的影响极大，以至于以他的"造型简洁、结构精良"的信条为基础的"伊斯特莱克家具"（又称"艺术家具"）在美国得以生产。19 世纪 70、80 年代期间，查尔斯·蒂施（Charles Tisch）和赫脱兄弟（Herter Brothers）在纽约生

① Oscar Wilde, 1854～1900 年。——译注

产这些家具。

19世纪80年代，这种"艺术的"室内设计成为财富、身份和艺术品位的象征。1883年，纽约出版了《艺术之家：纵览全美最负盛名的艺术名宅，暨艺术珍品描绘》（*Artistic House: Being a Series of Interior Views of a Number of the Most Beautiful and Celebrated Homes in the United States with a Description of the Art Treasures Contained Therein*）一书，主要描绘了纽约城内重要的唯美主义风格的室内设计。如设计师路易斯·康福特·蒂凡尼（Louis Comfort Tiffany, 1848 ~ 1933）位于纽约

21. 路易斯·康福特·蒂凡尼：设计师自用公寓的图书阅览室，纽约第26东大街，如《艺术之家》1883年版中插图所示

第26东大街的公寓，就具有唯美主义室内设计的全部特点：带摩尔式①母题的门、日式墙纸、伊斯特莱克风格的家具、孔雀羽毛，还有被水平分割为四部分的墙体，包括踢脚、墙裙、贴有墙纸的主墙面以及顶角饰带。唯美主义运动昙花一现，它在20世纪之初便已在美国和英国销声匿迹，而它从威廉·莫里斯那里继承的一种态度——"艺术应在室内设计中扮演重要角色，机械生产的产品则令人生厌"，已经对20世纪的室内设计和建筑艺术产生了深远的影响。莫里斯的平面图案的自然主义的形式和"日本风"，也是促发20世纪初第一个重要风格——新艺术运动兴起的元素。

---

① Moorish，指北非等地的穆斯林风格。——译注

第 2 章

探索新的风格

19世纪末，在美国和欧洲，受到"艺术与手工艺运动"的影响，人们针对什么是"优良设计"展开进一步的讨论，而传统的室内设计尚未受到此运动的影响。在室内设计的领域，盛行的却是学院派新古典主义（Beaux-Arts）[①]，其称谓来自它的发源地：巴黎美术学院（Ecole des Beaux-Arts in Paris）。这一保守的学院派风格受到17、18世纪法国古典建筑的启发，在室内装饰中通常大量使用雕刻、镀金、贵重的大理石和夸张而奢华的照明，创造出了富丽堂皇的气派，十分适宜于大型宾馆、百货商店、歌剧院及显贵们阔绰的府邸。巴黎美术学院的毕业生让·路易·夏尔·加尼耶（Jean Louis Charles Garnier, 1825 ~ 1898）为巴黎歌剧院（The Paris Opéra, 1861 ~ 1874）设计的门厅，便是这一风格最具盛名的典范。宽阔而弯曲的楼梯、女像柱、彩色大理石、具有夸张的巴洛克风格的华丽雕刻装饰品，加上大量的枝状大烛台，共同营造出了炫丽的视觉效果。

巴黎歌剧院与学院派新古典主义风格对全世界的歌剧院、百货商店、旅馆、市

---

① 19世纪盛行于法国巴黎。——译注

22. 夏尔·加尼耶的楼梯设计，巴黎歌剧院，1861~1874年：典型的巴洛克艺术风格。巴黎美术学院的国际影响力一直持续到第二次世界大战，其对法国古典传统的兴趣在20世纪70年代再度复兴，并延续至随后的后现代主义形成之后

政建筑甚至私人住宅的室内设计都产生了广泛影响。这种影响在美国尤为显著，即便在第一次世界大战之后，每年依然约有 15 个美国人参加巴黎美术学院的入学考试。美国人理查德·莫里斯·亨特（Richard Morris Hunt, 1827 ~ 1895）1846 年进入巴黎美术学院（他是第一个进入该学院的美国人），接受了设计训练，他学有所成。1855 年，亨特返回美国，为纽约和长岛（Long Island）的一些富豪，如范德比尔特（W. K. Vanderbilt）和阿斯特（J. J. Astor）等，设计带有法国文艺复兴时期风格的复古式公寓楼。美国首屈一指的麦金、米德与怀特建筑公司（McKim, Mead & White, 1879 ~ 1915）很大程度上也受到学院派新古典主义传统的影响。其合伙人查尔斯·福林·麦金（Charles Follen McKim）在 1867 年至 1870 年间，曾就读于巴黎美术学院。他们设计了一些大型公众建筑，如波士顿公共图书馆（Boston Public Library, 1887）、纽约的皮尔庞特·摩根图书馆（Pierpont Morgan Library, New York, 1903 ~ 1906），以及小一些的家庭宅邸，如纽约市的约翰·英尼斯·凯恩（John Innes Kane）的宅邸等，都遵循了学院派的设计理念。

纽约麦迪逊大街的维拉德公馆（Villard House, 1883 ~ 1885）至今还保存着麦金、米德与怀特建筑公司当时豪华的室内设计，这是为铁路大王亨利·维拉德（Henry Villard）以及他的朋友们设计的一组宅邸〔现在是赫尔姆斯利大饭店（Helmsley Palace Hotel）的公共活动室〕。其中金色大厅（Gold Room）最为奢华，房间有两层楼高，最初的打算是将其设计成一间音乐厅，其北端有一个楼厅可提供给音乐家们休憩。直到 1886 年怀特洛·里德（Whitelaw Reid）买下这所房子，并交由麦金、米德与怀特建筑公司的斯坦福·怀特（Stanford White, 1853 ~ 1906）承担设计并完成了房间的装饰。在怀特的设计中，天花板采用花格纹镶嵌装饰，并依照文艺复兴时期的手法进行雕琢、镀金；美国画家兼设计师约翰·拉·法奇（John La Farge, 1835 ~ 1910）采用了学院派手法，在南、北墙顶部的两处巨大拱梁上绘满了表现音乐和戏剧的图案；拱梁底下则是雕刻板绘，复制了佛罗伦萨大教堂圣器室（Sacristy of Florence Cathedral）内的意大利雕塑家卢卡·德拉罗比亚（Luca della Robbia）的作品。其余的壁面装饰均是以浅浮雕形式雕刻的乐器和花环。如此强烈地依赖于古典样式及炫丽奢华的装饰正是学院派新古典主义的典型特征。

在英国，梅维斯与戴维斯设计事务所（Mèwes and Davis, 1900 ~ 1914）堪称学院派的主要代表。他们的作品包括伦敦里茨酒店（Ritz Hotel, London, 1903 ~ 1906），也有如莱西别墅（Polesden Lacey, 1906）室内设计这样的小型项目。莱西别墅位于萨里（Surrey），是一座具有摄政风格（Regency）①的乡村建筑，其主人是罗纳德·格雷维尔（Ronald Greville），苏格兰某知名啤酒厂创始人的女儿。起居室采用了 1700 年间意大利北部一座宫殿的雕琢镀金装饰，完美的设置让女主人的贵宾们印象深刻。

在当时这种历史主义的背景下，比利时和法国的设计师们开辟出了一种前所未有的风格。他们对类似铸铁一类的材料重新加以利用，其受众目标由过去的富裕阶层转向中产阶级和知识分子。这一新辟的设计风格以不对称的鞭形线条为特征，富于动感，被广泛应用到家具、墙纸、彩色玻璃和金属制品上。尽管当时室内设计作为一个职业刚刚出现，但受到英国"艺术与手工艺运动"的影响，欧洲大陆的建筑师和理论家们开始借鉴传统的建筑外部设计视角来考量室内布局与装饰。自 1893 年起，新艺术风格的建筑 – 设计师们开始自己设计一栋建筑的各个方面，包括从建筑外层直到门把手的细节处理。由此可见，创造一个完整而现代的空间是这次运动的核心目标。

新艺术风格受到"艺术与手工艺运动"的影响，作品采用流畅的线条，简化家具设计，摒弃学院派的程式。其设计灵感同样来自后印象主义（Post-Impressionist）及象征主义（Symbolism）绘画，例如凡·高（Van Gogh）和爱德华·蒙克（Edvard Munch）那些令人震撼的涡旋笔触，还有高更（Gauguin）和奥布里·比亚兹莱（Aubrey Beardsley）特有的迷人曲线，这些都可以在新艺术风格的室内设计中找到。

---

① 1810 ~ 1830 年，英王乔治四世曾经以威尔士王子摄政，其间的艺术风格因此而得名，主要是新古典风格的一种发展。——译注

画家和设计师们均对日本艺术中无处不在的非对称性表达出赞扬和钦佩之情。

　　同"艺术与手工艺运动"不同的是，欧洲大陆的先锋派设计师们更加渴望开拓新的技术。到 19 世纪后半叶，在铸铁结构建筑方面取得的进步对新艺术风格的室内设计的发展至关重要。法国工程师古斯塔夫·埃菲尔（Gustave Eiffel，1832 ~ 1923）率先倡导在建筑中使用暴露的金属构架，1867 年的巴黎世界博览会（Paris Exhibition, 1867）的机械馆（Galerie des Machines）就是一个例子。颇具影响力的法国建筑理论家欧仁-埃马纽埃尔·维奥莱-勒-杜克（Eugène-Emmanuel Viollet-le-Duc, 1814 ~ 1879）在其著述《建筑对话录》（*Entretiens sur l' Architecture*，1872）中，也提倡将铁和砖石结合起来。新艺术风格的主要设计师们，如维克多·奥塔（Victor Horta, 1861 ~ 1947）、赫克托·吉玛尔（Hector Guimard）、安东尼·高迪（Antoni Gaudí），以及美国设计师路易斯·沙利文（Louis Sullivan）等人，都曾拜读过欧仁的这部著作。身处在学院派新古典主义崇尚传统的风格与材料的大背景下，在居室内直白地暴露金属的早期的新艺术风格无疑具有激进的意味。

　　在比利时和意大利，新艺术风格还与社会主义联系在一起。创造这一风格的比利时人，建筑-设计师维克多·奥塔，曾接受过传统的学院派训练，并为来自布鲁塞尔市郊伊克塞勒（Ixelles）的中产阶级知识分子设计住宅。1896 年，奥塔受比利时工党（Parti Ouvrier Belge）成员的邀请，设计布鲁塞尔人民宫（Brussels Maison des Peuples），该党是当时比利时主要的社会主义政党，1894 年在议会中赢得了 28 个席位。此后，大多数的比利时城市中均建立起人民宫，为工人组织集会提供了场所。年轻设计师奥塔的风格被认为是与新建筑相协调的，因为他的设计不带有学院派新古典主义中的贵族色彩。

　　奥塔的人民宫设计，将梁、柱等结构塑造成有机曲线，运用这种手法使得铸铁构架能够以裸露的形式呈现。其最成功的设计亮点在于建筑顶部的双层观众席：开阔的空间让观众获得完美的视听效果，而缠绕的卷须形状成为这种风格的代表符号，被广泛运用到金属栏杆、梁和支柱装饰上。

奥塔第一个这种风格的作品，是位于伊克塞勒保罗－埃米尔·扬松路6号（6 Rue Paul-Emile Janson, Ixelles）的塔塞尔公馆[①]。它于1893年完工，主人是几何学教授埃米尔·塔塞尔（Emile Tassel）。房屋在外部装饰上用了一些拘谨的有机图案，但是与后来的大多数新艺术风格的建筑一样，设计的独特之处体现在室内。如同奥塔这一时期的其他设计，塔塞尔公馆的布局使得主要房间空间得以自由转换：在房子的中央使用铸铁支架，减少了内墙的数量。奥塔并不刻意掩饰住宅的基础金属结构，而是将其融入设计之中。例如在客厅，楼梯的金属支柱和梁柱都被装饰了缠绕的金属卷须，同样的有机形态也出现在墙面与地面的马赛克上，并在金属照明装置和栏杆上得以重复。

奥塔在餐厅使用了一种英国式墙纸，表明他的风格起源于英国。墙纸是"艺术与手工艺"时期的设计，很可能来自世纪行会设计师海伍德·萨默（Heywood Summer），他受雇于杰佛里公司（Jeffery and Co.），该公司印制了威廉·莫里斯早期的墙纸设计。奥塔很可能在1872～1873年在布鲁塞尔的一个展览会上，或是1889年的巴黎博览会上见过这种墙纸。

一个被称为"二十人社"（Les Vingt）的先锋派画家群体，1884年成立于布鲁塞尔，它举办了一些研讨会和展览，目的是为了延续法国的印象主义（French Impressionism）。1889年的"高更绘画展"和1890年的"凡·高画展"对于比利时新艺术风格的确立至关重要。"二十人社"的成员，如荷兰画家扬·托罗普（Jan Toorop, 1858～1928）和比利时画家费尔南·克诺普夫（Fernand Khnopff, 1858～1921），向世人展示了以流动线条和平涂表面色彩为特征的艺术作品。尽管未有证据表明奥塔与"二十人社"之间存在着关联，但此时这位在布鲁塞尔的年轻有为的建筑师一定知晓了后者的活动。

奥塔随后设计了地处伊克塞勒的另两所住宅，一所位于路易斯大道224号

---

① Tassel House, 也称Hôtel Tassel。——译注

23. 维克多·奥塔：塔塞尔公馆之顶楼，位于布鲁塞尔郊区伊克塞勒，1893年。奥塔的首次设计呈现一派全新风格。玻璃屋顶和细长支撑铁件营造出明亮的内部装饰。中庭和旋转楼梯取代了比利时式的走廊，这预示着奥塔在流动空间与体量规划上采用了现代主义运动建筑的设计手法。奥塔的鞭状线条自由穿梭于铁窗、墙面、地板和天花板之间

24. 维克多·奥塔：冬日花园，艾特菲尔德公馆的底层，布鲁塞尔郊区伊克塞勒，1897年。新颖的布局让人身处在一层房内，视线便可透过冬日花园到达对面房间

24

（224 Avenue Louise, 1895），房主是化学家埃内斯特·索尔韦（Ernest Solvay），另一处则位于帕默斯顿大街4号（4 Avenue Palmerston, 1897），房主为范·艾特菲尔德男爵（Baron Van Eetvelde）。同塔塞尔公馆一样，索尔韦公馆（Hôtel Solvay）也有着裸露的金属支撑结构，以及为照明装置和门把手上设计的有机图案。而艾特菲尔德公馆（Hôtel Eetvelde）最重要的特征是，它有一个处在中央的被主楼梯环绕的双层空间，这一区域被用作主楼层的冬日花园，由一圈细长的钢柱围成，并支撑起一个装饰性的花窗玻璃顶棚。装饰顶棚的藤状枝条图案也在铁栏杆和照明装置上被反复使用，并配以花序形式的阴影，延续了有机的风格。如此不同寻常的空间处理使得客人的视线可以从餐厅穿过冬日花园，直达客厅。

　　奥塔在布鲁塞尔共设计了十三座类似住宅，满足了客户们对于异国情调的追求，或许是近期与殖民地的接触或旅行激发了这种品味。（比利时当时的殖民地为新艺术风格的家居装饰的发展提供了大量的资金来源。）奥塔称这些住宅为"肖像住宅"（portrait houses），他认为住宅设计"不应仅仅表现房主的生活方式，更应是个性的肖像"。

　　奥塔后来的家居设计作品中，最有趣的是他在1898年为自己设计的住宅（现在为奥塔博物馆），位于伊克塞勒美利坚路23—25号（23–25 Rue Americaine, Ixelles）。这所住宅在室内布局上完全改写了传统的设计模式：按照惯例，厨房应设在地下室，奥塔却将其设在了地面层；光线透过天窗映照出位于中央的白色卡拉拉大理石（Carrara marble）①楼梯，它蜿蜒向上，贯穿三个楼层，成为整个设计的焦点。黄白相间的天窗两边设有巨大的镜子，使人仿佛置身于漫无边际的空间之中。这个别致的楼梯引导着访客步入餐厅和起居室所在的顶楼。

7

　　餐厅色彩的运用具有整体性。色调柔和的白蜡木家具、大理石贴面的墙体、铜制画镜线以及装饰绘画等，都给人以简洁、优雅又敞亮的总体印象，这在同时期

---

①　产自意大利卡拉拉的一种白底带蓝纹的大理石。——译注

的其他室内装饰中是找不到的。而用白色瓷砖代替墙纸，这在当时可谓标新立异。至于地面覆盖的材质，奥塔选择的不是地毯而是拼花木板，并用镶铜马赛克收边，与铁质拱形支柱上精心绘制的线条图案交相呼应。对于这些支柱，奥塔通常不加掩饰，而让它们成为一种特色。显然，奥塔对细节的关注十分鲜明地贯穿于整间屋子，包括照明装置、门把手，甚至毛巾架上都装饰了风格统一的有机图案，从而提升了室内空间的整体感。奥塔也把这种有机风格应用到一些百货商店的装饰中，比如布鲁塞尔的创新百货商店（A l'Innovation, 1901）和法兰克福的"大巴扎"（Grand Bazar, 1903年，"大商场"的意思）。

另一位与奥塔同时期的设计师保罗·昂卡尔（Paul Hankar, 1861～1901），主要在布鲁塞尔设计一些小型的新艺术风格的商店和住宅，其中的尼凯衬衫坊（Niguet Shirt Shop, 1899）和设计师自己的住宅（1893），相比于奥塔优雅的风格，看上去显得坚固而笨拙。不过，在1897年的布鲁塞尔—特弗伦殖民文化博览会（Brussels-Tervueren Colonial Exhibition）上，昂卡尔展示的"民族风房间"（Ethnographical Rooms）却被基于凯尔特（Celtic）母题而非新艺术风格的线条所覆盖，它们粗犷并具有对称的整体模式。第三位比利时建筑师埃内斯特·布莱洛（Ernest Blerot, 1870～1957），在为伊克塞勒地区设计的许多民居中也采用了相似的风格。与奥塔相比，他对图案的处理同样略显笨重和拙嫩，仅仅依照惯例在室内装饰中使用木雕、金属制品和彩色玻璃，缺乏奥塔作品中的细腻与精致。

著名设计理论家与宣传家，亨利·凡·德·费尔德（Henri Van de Velde, 1863～1957），曾经为法国、德国和比利时等国的期刊撰写过不少颇有影响力的文章，他也是《现代工艺的文艺复兴》（*Die Renaissance im Modernen Kunstgewerbe*, 1901）一书的作者，人们习惯于视他为比利时设计师团体的一员。然而，在奥塔的设计时代，凡·德·费尔德关注的却是佛兰芒人[①]的本土习俗。受凡·高和高更的影响，

---

① Flemish, 比利时两大民族之一。——译注

25. 赫克托·吉玛尔：贝朗热城堡公寓的入口大厅，巴黎，1895~1897年。重复的鞭状线条和柱子上的缠绕卷须都说明吉玛尔近期在布鲁塞尔曾造访过奥塔

他开始从事绘画工作，并在巴黎接受了艺术训练。他于1888年返回比利时，加入了"二十人社"，其绘画、图形及壁毯设计都受到了这些经历的影响，使用了淡色调及富有节奏的线条。在1894年结婚时，他决定效仿偶像威廉·莫里斯，设计一套专属于两个人的住宅。事实上，凡·德·费尔德的未婚妻玛利亚·塞思（Maria Sethe）曾特地前往英国会见莫里斯，并购买了"艺术与手工艺"风格的墙纸和纺织品。这座布罗蒙维尔夫别墅（Villa Bloemenwerf）建于1895年，位于布鲁塞尔附近的于克勒（Uccle），仿效了早期的英式风格，特别是沃伊齐与巴里·斯科特的设计。它拥有一个两层的大厅作为房屋内部的焦点，从上层的各条走廊和各间房屋都

26. 吉玛尔位于贝朗热城堡的工作室，1903 年。这张照片被印制成明信片并标有广告语："吉玛尔风格"，因为吉玛尔提出了"新艺术"这一概念

能俯瞰到。凡·德·费尔德为婚居设计的家具朴实而坚固，墙纸样式简单，渗透着自然主义风格。看得出，他初次尝试墙纸设计时，将注意力放在了整体感上，亦如他所写的，"三种颜色——苋菜红、蓝和绿——被反复使用于灰泥粉饰的墙面、深绿的山墙，还有泛红的屋顶瓦片"。

法国的设计师和店主们开始纷纷涌向布鲁塞尔，于是令人耳目一新的比利时风格开始对法国的室内设计产生影响。巴黎设计师赫克托·吉玛尔（Hector Guimard，1867 ~ 1942）便是先行者，他因为巴黎地铁站设计金属结构而闻名。早在 1895 年，   25、吉玛尔前往布鲁塞尔会见奥塔前，就已经开始了自己的建筑师生涯。这次会见加上对塔塞尔公馆的考察，促使吉玛尔对自己正在进行的一个室内设计项目——位于巴黎拉封丹路（Rue La Fontaine）的贝朗热城堡公寓区（Castel Béranger apartment block, 1895 ~ 1897）——进行重新考量。虽然吉玛尔在提交了规划申请后已很难对建筑做出太大改动，但他依然重新调整了装饰基调，以响应奥塔的新风格。吉玛尔为这 36 间公寓房设计了家具、墙纸、地毯及嵌有马赛克的地板，甚至还包括了门把手，使用了弯曲、非对称的线条。吉玛尔十分重视这些设计，在一本装帧豪华的彩色图册——《现代家居艺术：贝朗热城堡》（*L'Art dans l'Habitation Moderne, Le Castel Béranger*, 1898）中，他用 65 幅插画中的 41 幅记录了各式各样的家具的内部和配件的细节。

吉玛尔在该建筑的门厅设置了大量空间，成为这一室内设计最与众不同且令人怦然心动的特点。门厅入口处的铁花和铜门使用了新艺术风格的所有要素：不对称的设计形式、自然形态的装饰物、动感十足的鞭状曲线被反复使用。勾勒出大厅轮廓的绿色陶瓷板绘上也装饰了类似的曲线形状，同样这些曲线还出现在了地毯、栏杆及彩色玻璃上。相对门厅而言，房间内的装饰显得稀少，所有的家具和配件都采用舒展而不对称的卷曲形态，令整体风格显得协调统一。相比较比利时版本的设计，这样的形式更为极端，甚至连壁炉、长靠椅和门把手都被铸造成流线型或扭曲的形状。

尽管吉玛尔极端的设计风格引起了舆论的批评，但这座公寓楼却很容易出租，租金昂贵。吉玛尔把自己的工作室也设在那里，并继续采用这种风格设计其他私人住宅，其中包括他自己位于巴黎莫扎特大道 122 号（122 Avenue Mozart, Paris, 1909 ~ 1912）的寓所。新艺术风格的玻璃、灰泥雕刻、家具和照明装置所体现出的艺术整体感，再现了 18 世纪巴黎洛可可风格的室内装饰，比如苏比斯府邸（Hôtel Soubise）。当时的法国确实有一股洛可可复兴之风，但这两种风格却相差甚远。尽管都有着非对称的特点和俏皮的曲线，洛可可风格仅仅是渲染经典，而新艺术风格却将经典融入他处。

奥塔对吉玛尔的设计产生了十分重要的影响，但在法国和德国，对新风格的

27. 维克多·奥塔：奥塔自己住所的餐厅，
伊克塞勒，1898 年。蜜色的灰基调与瓷白
色的墙砖相融合，令室内装饰显得温馨而
典雅。一个嵌进墙内的传菜口置于煤气炉
的上部，便于食物保温

传播贡献最多的却是凡·德·费尔德。1895 年，他在位于于克勒的布罗蒙维尔夫
别墅内接待了两位来自巴黎的重要拜访者：艺术商人塞缪尔·宾（Samuel Bing）
和艺术评论家朱利叶斯·迈尔–格雷弗（Julius Meier-Graefe）。塞缪尔·宾曾经
在巴黎拥有一家东方商品专售店，1895 年 12 月 26 日，他又在普罗旺斯路（Rue de
Provence）开设了一家画廊商店：新艺术沙龙（Salon de l'Art Nouveau）。宾邀请
凡·德·费尔德为他的商店设计四种不同的展示风格。这些设计在舆论界引起很大
轰动，评价褒贬不一，而这恰恰促成了新艺术风格在法国室内设计领域的确立。

在法国，从设计师埃米尔·加莱（Emile Gallé, 1846 ~ 1904）和他在南锡的
设计师团队创作的玻璃制品和家具设计中，可以觉察到一种有机风格在当时已

28. 欧仁·瓦林（Eugène Vallin, 1856 ~ 1922）：餐厅，展出于1910年秋季沙龙。清晰刻画的有机曲线造型是来自南锡学派的典型体现，但瓦林很少使用镶嵌装饰，只是偶尔加入一些花纹雕刻

初见端倪，团队中不乏才华卓越的家具设计师和制造者路易·马若雷勒（Louis Majorelle, 1859 ~ 1926）。加莱受到有机形态的启发，在其工厂的地上广泛采集植物样本，为他的镶嵌设计提供鲜活素材。加莱认为，所有的艺术创造灵感都应来源于自然，因此他批判在19世纪末20世纪初出现的那些夸张而扭曲的设计。他设计的家具一直使用传统形式，仅允许在表面做一些新艺术风格的装饰。和加莱一样，许多人都曾在塞缪尔·宾的新艺术沙龙展出过作品，这使商店成为新艺术室内装饰的展示中心。无论是在店内还是1900年的巴黎博览会上，塞缪尔·宾利用其展室为不少重要的法国设计师提供了平台，比如爱德华·科隆纳（Edward Colonna,

29. 亨利·凡·德·费尔德: 哈瓦那烟草公司雪茄店，柏林，1899年。遍布的曲线唤起了人们对于高更的绘画与比利时"二十人社"的艺术家的记忆，"艺术与手工艺运动"的影响无处不在。墙上的烟状卷曲图形显得诙谐又玩世不恭

1862 ～ 1948）、乔治·德弗尔（Georges de Feure, 1868 ～ 1943）、欧仁·加亚尔（Eugène Gaillard, 1862 ～ 1933），同样也为一些前来寻求新风格的英国和美国设计师提供了平台，包括查尔斯·伦尼·麦金托什和路易斯·康福特·蒂凡尼，两人都在1895年的开幕展上展示过作品。

　　这种在法国蒸蒸日上的室内设计新风格，以英国"艺术与手工艺运动"和凡·德·费尔德的作品为媒介，开始对德国产生影响。1898年，迈尔－格雷弗邀请凡·德·费尔德为其位于巴黎的陈列室"现代之家"（La Maison Moderne）设计家具，"现代之家"比塞缪尔·宾的新艺术沙龙早成立了一年。他还在其创办于德国

的小众杂志《潘》（*Pan*）上刊登了凡·德·费尔德的作品。自从《潘》于1893年创立之后，迈尔–格雷弗就仿效《工作室》杂志，给德国带来了令人兴奋的有关英国"艺术与手工艺运动"的理论与设计的新闻。德国人对英国室内设计的强烈兴趣体现在赫尔曼·穆特修斯（Hermann Muthesius, 1861 ~ 1927）的作品上。作为1895年至1903年间德国驻伦敦大使馆的参赞，赫尔曼对19世纪晚期英国室内建筑做了详尽的研究调查，其中包括沃伊齐、斯科特和阿什比的作品。他对于英国室内设计的"艺术与手工艺"风格和功能性特点的崇拜，被一一记录在其撰写的颇具影响的《英国住宅》（*Das englische Haus*, 1904 ~ 1905）一书中。

德国的新艺术运动也被称为"青年风格"（Jugendstil），这一名称来源于1896年在慕尼黑创立的《青年》（*Jugend*）杂志，反映了先锋派设计师想要抛弃历史主义、为新世纪创造全新事物的渴望。凡·德·费尔德为1897年于德累斯顿（Dresden）举办的"新艺术"展览会成功地设计了一个卫生间，1899年，他来到柏林，他所承接的弗朗索瓦·阿比（François Haby）理发店（1900）和哈瓦那烟草公司（Havana Tobacco Company）雪茄店（1899 ~ 1900）的室内设计，可以算是新艺术风格的浓重版本，迎合了德国人的品味。墙面的涂彩略显几何风格，雪茄店的木刻烟架不同于法国的新艺术风格，弯曲的粗线条完全对称。在理发店的设计中，凡·德·费尔德有意将管道和电缆暴露在外，这一做法引发了媒体的轩然大波。

发展了"青年风格"的德国设计师包括奥古斯特·恩德尔（August Endell, 1871 ~ 1925），他设计的慕尼黑阿特利尔·埃尔薇拉（Atelier Elvira）工作室[①]，有着造型扭曲而奇特的铁质楼梯和照明装置，其灵感来源于海洋。照明装置从弯曲的楼梯支柱中伸展而出，犹如一大片漂浮着的海草。"青年风格"的生命十分短暂，当1901年恩德尔设计柏林多彩剧院（Buntes Theater）时，就明显地呈现出了更为拘谨和几何的效果，这或许是受到格拉斯哥学派（Glasgow School，将在后面的章节

---

① 1897 ~ 1898年，摄影工作室。——译注

30. 查尔斯·伦尼·麦金托什：希尔别墅的客厅，海伦斯堡，1902年。壁炉上端的石膏镶板设计出自麦金托什的妻子玛格丽特·麦克唐纳之手。麦金托什的装饰将几何形态的主题与新艺术风格融为一体

中提及）的启发。该学派自1897年起就通过《工作室》杂志对欧洲产生了影响。

在19世纪70年代的俄国有一股民间手工艺复兴的势头，他们融合了欧洲象征主义和法国的新艺术风格。在俄国"现代风格"（Stil Moderne）的中心莫斯科，设计师费尔·舍赫捷利（Fedor Shekhtel, 1859 ~ 1919）将这三种风格综合地运用到了里亚布申斯基住宅（Ryabushinsky house, 1900）和多罗任斯卡娅住宅（Derozhinskaia house, 1901）的设计中。在扶手椅软垫面料的设计中，舍赫捷利对线条的使用极具韵律感，这些可见诸画家米哈伊尔·维鲁贝尔（Mikhail Vrubel, 1856 ~ 1910）当时的画作中。后者不仅是一位画家、剧场设计师，还是位工匠，曾经在属于捷尼舍娃公主（Princess Tenisheva）建立的两处艺术家聚集地工作过，一处位于她塔拉希基诺（Talashkino）的私人房产，另一处位于阿布拉姆采沃（Abramtsevo）。里亚布申斯基住宅的墙壁采用了维鲁贝尔的陶瓷装饰和壁画。在为歌唱家多罗任斯卡娅设计的住宅藏书室内，舍赫捷利使用了新艺术风格的曲线来装饰木门和内置座椅。

与俄国一样，西班牙和意大利的新艺术运动，也体现了一种崭新的民族意愿和

31. 奥古斯特·恩德尔：埃尔薇拉工作室的楼梯厅，慕尼黑，1897～1898年。极致梦幻、浮动的海洋主题展现了以"青年风格"为代表的德国的新艺术运动

32. 安东尼·高迪："巴特略之家"的餐厅，巴塞罗那，1904～1906年。窗框、门和家具等都沉浸在高迪独特而丰厚的"新艺术"语言中

政治抱负。西班牙现代艺术（Arte Moderno）发源于加泰罗尼亚首府巴塞罗那，其随后曾尝试挣脱西班牙的统治。这一风格的建筑设计师中最著名的当属安东尼·高迪（Antoni Gaudí, 1852 ~ 1926），他将其宗教信仰和狂热的民族主义都注入公寓社区和教堂的设计之中。他的创作灵感一部分来源于有机的元素，有如法国哥特建筑复兴的代表，建筑师维奥莱-勒-杜克（Viollet-le-Duc）的方式；一部分来自《工作室》杂志所传播的"艺术与手工艺运动"的观念；还有一部分则归因于他自身对设计不受历史约束的追求。高迪在为社区公寓"巴特略之家"（Casa Battlló, 1904 ~ 1906）的翻新做设计时，在室内使用了起伏的天花板、奇异弯曲的门窗框，以及他自己设计的用坚硬橡木雕刻的仿生家具。

"自由风格"（Stile Liberty），受到伦敦那家同名的商店[1]影响，为意大利人所知，并和意大利温和的社会主义新潮流、民主以及其作为生产型国家进入国际舞台相联系。为了帮助这座曾经辉煌的意大利城市复兴，都灵于1902年在举办了国际装饰艺术博览会（International Exhibition of Decorative Art），吸引了众多国家和参展商，超过了组织者的预期。展会呈现了关于新艺术风格来自世界各地的最为全面的观点，其中多个室内作品均来自凡·德·费尔德、奥塔和吉玛尔的设计。会场和展馆均出自意大利新艺术建筑师领袖雷蒙多·达龙科（Raimondo D'Aronco, 1857 ~ 1932）之手，他设计的中央圆形大厅，有着饱满而细致的装饰，室内的灰泥雕刻上绘有抽象的网格纹样和统一的花卉式样，被认为是运动的里程碑。这次展览促进了意大利设计师们在国际舞台上的发展，其中便有卡洛·布加蒂（Carlo Bugatti, 1856 ~ 1940），著名汽车设计家族的一员，他极具异国情调的室内和家具设计在很大程度上来源于非洲文化，并多使用诸如皮纸和锡金嵌料等特殊材质。在都灵博览会上，布加蒂展示了一组房间，其中最极端的当属蜗牛居（Camera de Bovolo, 又名Snail Room），其内的所有家具都被设计成蜗牛外壳般的螺旋形状。

---

① 即第一章所提到的"利伯缇商店"。——译注

33. 卡洛·布加蒂：蜗牛居，都灵博览会，1902年。所有造型均以曲面弧形呈现，例如圆弧状的碗柜、独立座椅甚至是桌子都塑造成蜗牛外壳的形态

　　1902年之后，新艺术运动的热潮在其他地方已过巅峰，而自由风格依然在意大利盛行。它出现在了朱塞佩·索马鲁加（Giuseppe Sommaruga, 1867 ~ 1917）的一些作品中，如米兰的卡斯蒂廖尼宫（Palazzo Castiglioni, 1903），还有乔瓦尼·米凯拉奇（Giovanni Michelazzi）位于佛罗伦萨的作品——兰普雷迪别墅（Villino Lampredi, Florence, 1908 ~ 1912）。

　　在1902年都灵博览会上参展的美国新艺术设计师还包括路易斯·康福特·蒂凡尼，其别具异国情调的玻璃作品受到了加莱和塞缪尔·宾的启发。同时，美国建筑师们也开始摒弃学院派古典主义空洞的历史主义理念，转而寻求一种新的风格。这次运动由建筑师路易斯·沙利文领导，他找到了适合于创新的建筑结构的装饰手法。在巴黎美术学院接受了短暂的建筑设计训练后，沙利文与工程师丹克玛·艾德勒（Dankmar Adler, 1844 ~ 1900）于1881年在芝加哥合作成立事务所。事务所第一个主要作品是芝加哥大会堂（Auditorium Building），它建造于1887年至1890年间，是当时该城市最大的建筑物。

34. 路易斯·沙利文与丹克玛·艾德勒：芝加哥大会堂内的剧院，芝加哥，1887~1890年。著名的"黄金拱"，绚烂的装饰效果表明其设计深受新艺术与装饰艺术的共同影响

　　芝加哥大会堂在室内设计的历史上占有重要一席，因为电灯光源首次作为一种设计特色呈现。横跨剧院内部的"黄金拱"（Golden Arches），以电气化方式装饰，绚烂的镀金植物图形被清晰的电灯泡衬托，令人印象深刻。尽管没有结构上的实际意义，"黄金拱"却有着掩饰通风管道和改善音响效果的功能。金色和象牙色的整体色调以及对新技术的使用十分有效，使得剧院室内的设计一时声名鹊起，并被一些评论家视作巴黎歌剧院的现代继承者。沙利文以大量理论作为装饰设计的依据，并从各种资源中汲取丰富的灵感，如东方艺术、拉斯金以及达尔文主义等，他深信，装饰应当与自然形式联系在一起。与欧洲新艺术风格的建筑－设计师一样，沙

利文发展了这种新的装饰语言，以适应例如百货商店这样的新型建筑风格。

在艾德勒和沙利文创办的芝加哥建筑设计事务所里，弗兰克·劳埃德·赖特（Frank Lloyd Wright, 1867～1959）学习了建筑设计和理论基础，从而为美国的住宅和商业性室内设计成功地建立起一种独特的美国风格。在20世纪的头几年里，赖特与欧洲设计师一样注重室内的整体设计，并鄙弃历史上的那些先例。作为一名独立设计师，赖特在早期职业生涯中大多致力于芝加哥城内及周边的一些住宅设计，这些项目被称为"草原住宅"（prairie houses），因为它们类似于也适合于美国中西部宽广平展的土地。这种房子往往有一个中央核心，设置着砖砌或石砌的壁炉，让人想起17世纪美国殖民时期的住宅（Colonial house）。诸如布法罗的马丁住宅（Martin House, 1904～1906）和芝加哥的罗比住宅（Robie House, 1909）都有一个流动的整体内部空间，壁炉放置在具有象征意义的中心。赖特负责整个住宅室内外的设计规划，包括从建筑、家具到纺织品，这一点在他设计的位于明尼苏达州韦扎塔的弗朗西斯·W.利特尔别墅（Francis W. Little house, Wayzata, Minnesota, 1912～1914）的起居室（现安置在美国纽约大都会艺术博物馆的侧厅"美国翼"里）中表现得尤为明显。其所有的装饰都是以水平线和垂直线为基准的，从正方形的电镀天窗到盒状单人沙发，丝毫没有受制于人体外形。赖特使用仅以金色蜡漆涂饰的橡木来制作家具和诸如壁灯的装置，使得室内风格得到进一步的协调。

赖特这时期设计的商业建筑，有布法罗的拉尔金行政大楼（Larkin Administration Building, 1904），楼内最具震撼力的特征是五层高的天窗中庭，所有的设施均隐藏在米色砖石贴面的角柱内，室内显得异常空旷。赖特再一次亲自设计了楼内的所有家具，包括早期的金属桌椅。

1902年都灵博览会标志着新艺术作为一场先锋派运动开始走向下坡，这一风格的需求很快达到了饱和点。在第一次世界大战爆发前的几年里，先锋派室内设计逐渐趋于简单化和更加几何化，这种趋势在赖特的室内设计中已经很明显，在他位于英国和奥地利的作品中均可看到。

35. 弗兰克·劳埃德·赖特：弗朗西斯·W.利特尔别墅，明尼苏达州韦扎塔，1912～1914年。作为一位灵活的设计师，赖特采用纵横交错的手法并利用材料的天然特性，创造出一种独特的美国式的表达

　　新艺术风格在英国却没有受到欢迎，这种风格被那里的主流设计师们视为另类和"过于女性化"。19世纪末至20世纪初时，大致以格拉斯哥艺术学院（Glasgow School of Art）为中心的格拉斯哥学派（Glasgow School）对此也持有相同观点。新艺术风格在英国从来没有获得一席之地，而仅仅作为对一种新风格的探索而呈现。乔治·沃尔特（George Walton, 1867～1933）就是一个典型，他从沃伊齐的作品、带有壁炉隅的传统苏格兰室内设计风格，以及凯尔特文化中汲取灵感。随后，他创办了一家室内设计事务所，成功地从格拉斯哥发展到伦敦，常为柯达欧洲销售区主管乔治·戴维森（George Davison）服务，设计了许多格拉斯哥风格的陈列室。虽然沃尔特的设计享誉欧洲，但他本人却依然保持着简洁直白的传统风格，并未过多地受到欧洲大陆发展的影响。

　　与沃尔特同时期最具争议，也最富原创性的建筑 – 设计师，查尔斯·伦尼·麦

36. 拉尔金行政大楼，赖特设计，纽约州布法罗市，1904年。这是一项设有中庭天窗的早期办公楼设计。比起赖特的住宅设计，该建筑是整体朝内部建造的，同时也是最早配备气候控制设备的办公空间之一

37. 乔治·沃尔特：柯达商店，伦敦，1900年。沃尔特的高靠背长椅与几何装饰表现了格拉斯哥学派的风格及凯尔特传统文化的影响

金托什则不同。在从格拉斯哥艺术学院毕业后，他师从建筑师约翰·哈钦森（John Hutchinson）。1890 年，麦金托什去了法国和意大利，在回到格拉斯哥之后，他与后来成为他妻子的玛格丽特·麦克唐纳（Margaret Macdonald）、她的姐姐弗朗西丝（Frances）以及未来的姐夫赫伯特·麦克奈尔（Herbert McNair）一起工作，即组成著名的"格拉斯哥四人组"（The Four）。1895 年，在塞缪尔·宾开设的巴黎新艺术沙龙中，"四人组"展出了他们受象征主义启发的平面设计作品。

我们今天都认为，麦金托什首先是一名建筑师，其次才是一位家具设计师，而事实上，在他有生之年最为人所熟知的却是作为室内设计师。其主要项目大部分来自一位性情乖戾的客户——凯瑟琳·克兰斯顿（Catherine Cranston）小姐，一位旅馆老板的女儿，在格拉斯哥经营茶室，为当地不断涌现的"新贵客户"们（nouveau-riche clientèle）提供服务。1896 年，麦金托什受乔治·沃尔特委托，为皇冠午茶厅（Crown Lunch and Tea Room）内的家具和装饰重新进行设计。同年，他也"回敬"了沃尔特一个项目，委托他设计布坎南大街的茶坊（Buchanan Street Tea Room）。二人的早期设计都沿用了勒沙比和沃伊齐的"艺术与手工艺"传统，采用了心形的图案和未经抛光的白蜡木家具等。1900 年，麦金托什完全独立地为克兰斯顿小姐设计了另一个项目，一家位于英格拉姆大街的茶坊（Ingram Street Tea Room），其中使用了白漆家具，这成为他当时设计的特点，同样的风格还用在了他自己位于格拉斯哥缅因斯大街120号（120 Mains Street, Glasgow, 1900）的居所设计中，该居所如今保存在格拉斯哥大学（University of Glasgow）。

　　强烈的明暗对比成为这些室内作品的共同标志。在缅因斯大街的私邸中，麦金托什在餐厅里制造出一种私密氛围：用粗糙的包装纸将墙面染成暗淡的褐色。栎木椅子经过染色，靠背上端离地面约53英寸（135厘米）高，就餐者就座时，高耸的椅背能够围合出另一块区域，以增加空间的私密感。挂镜线以上和天花板都被刷成白色，以衬托出家具和墙壁的黝黯。

　　起居室内，麦金托什在墙壁、地板和多数家具上一如既往地使用了白色，创造出一种同样戏剧性的效果。他设计了一个明亮又开阔的起居空间，自然光线透过窗前的薄纱漫射进来。桌子、书橱和壁炉都被刷上白色亮漆，以确保任何一处接缝或是木材纹理都不会破坏这雕塑般的氛围。室内家具的摆设十分讲究，这一点应是受益于日本的住宅设计。相对于20世纪初时的品味来说，该室内布置显得稀疏，装饰显得低调。

　　不过，即便是面对已经完工的建筑，麦金托什也主张由里到外进行设计，在考虑室外环境之前先明确客户的特殊需求。位于苏格兰海伦斯堡的希尔别墅（Hill House, Helensburgh, 1902）的设计过程被完整记录下来，其主人是出版商沃尔特·布莱基（Walter Blackie）一家，麦金托什在开始设计前花了大量时间来研究这些家庭成员的生活方式。希尔别墅的设计是基于麦金托什于1901年参加的"艺术爱好者之家"（The House of an Art Lover）竞赛而完成的，在那次竞赛中，他惜败于巴里·斯科特（落败的原因大部分是因为他没有按照比赛规则表现室内透视）。与"艺术爱好者之家"比赛时一样，希尔别墅的室内布局也是经过设计师深思熟虑的，如孩童室被特地设置在尽可能远离父母起居和睡眠的区域。

　　如同麦金托什的其他项目一样，希尔别墅的餐厅设计色调暗淡，配以木质镶板装饰。在起居室内，麦金托什成功地将有限空间分割成更小的区域，用于不同的活

38. 查尔斯·伦尼·麦金
托什：客厅，缅因斯大
街，格拉斯哥，1900年

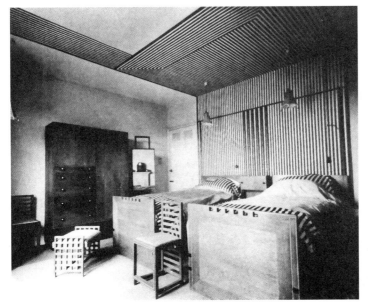

39. 希尔别墅，海伦斯
堡，1902年

40. 德恩格特，客房，1919年。从最初以明快、清新的日本和自然风格（缅因斯大街），逐渐沉浸在矩形线框之下的基调（希尔别墅），发展到最终强烈的几何造型设计（德恩格特），反映了麦金托什与维也纳分离派及维也纳工坊之间的交往与关联

动。钢琴边上的区域留给音乐之夜；壁炉四周的座位可以用来阅读和交谈；凸窗边沿处也设有座椅和橱架，人们可在这里凝望风景。墙面的装饰采用了模板印制，其设计的图案是一支定形于蓝色格子里的粉色玫瑰。对于麦金托什而言，花卉是重要的灵感源泉，在窗座两边的柱子上也能看到花。和他自家住宅一样，白色主宰一切，室内显得干净整洁。

　　主卧室的白色家具布置秉承了麦金托什的一贯风格，而玫瑰色玻璃则成为亮点。不过这一次，麦金托什引入了更多的几何元素，如那些镶嵌在门和百叶窗上的细小的彩色矩形玻璃，此外，家具造型也更接近于立方体。

　　麦金托什为克兰斯顿小姐设计的最后一个项目是坐落于格拉斯哥萨希霍尔街时尚购物广场上的柳树茶坊（Willow Teas, Sauchiehall Street, Glasgow, 1904）。在装饰豪华的茶室里，女士们可以透过落地镶嵌框的玻璃窗远眺大街，窗户上还嵌有镜面玻璃。墙额上也使用了镜面玻璃，增加了奢华的氛围。此外，新颖独特的银色高背座椅也成为茶室的一大特色。

　　在格拉斯哥，麦金托什最重要的室内作品当属为格拉斯哥艺术学校设计的图书馆，这也是该时期最壮观的作品之一。1896 年，他的方案在学校设计的竞赛中胜出，其中的部分设计在 1899 年完成并开放，而图书馆则是在 1907 年至 1909 年间另行建造的，与它一起建造的还有西侧厅（West Wing）。图书馆底层的书店，悬挂在横梁的钢筋上，横梁支撑着上方的楼层，使底层获得更多的自由空间；裸露的木质支柱和经过仔细规划的照明设计，令底层面积看似远远超过了它仅仅约 11 平方米（约相当于 118 平方英尺）的实际面积。

　　由于大众对他的作品的兴趣逐渐消退，麦金托什在 1914 年离开了格拉斯哥，打算前往维也纳，因为其作品在当地渐受欢迎。恰逢第一次世界大战爆发之际，他先是定居在萨佛克的沃伯斯维克（Walberswick, Suffolk），而后迁至伦敦的切西尔。麦金托什的最后一位客户是模型工程制造商、设计与工业协会的早期成员 W. J. 巴塞特－洛克（W. J. Bassett-Lowke）。此人在 1916 年邀请麦金托什设计他位于英国北安普顿的住所——德恩格特 78 号（78 Derngate, Northampton, 1916）。基于自身的工程师背景和在欧洲的社交人脉，巴塞特－洛克特别渴望能有一处令人怦然心动却又不乏实用性的室内空间。于是，麦金托什将黑色的门厅配上有黑白方形的镶边装饰，其上方是一条由黄、灰、蓝、绿、紫及朱红等各色三角形组成的带状装饰。这一几何主题在家具上以正方形网格的形式重复出现。

　　麦金托什从自然获取灵感设计几何图案，这一转变从 1902 年设计希尔别墅时就初见端倪了。1900 年在维也纳举办的设计作品展后，他与当地设计师进一步接触，由此他的这一转变得以深化。1919 年，巴塞特－洛克再次邀请他来设计德恩格

41. 查尔斯·伦尼·麦金托什: 格拉斯哥艺术学校的图书馆, 1907 ~ 1909年。垂直立柱与长链上的吊灯强调了这间小屋两层的高度

特（Derngate）住宅的客房，这个项目恐怕是麦金托什在其短暂职业生涯中的最后一个，或许也是最为惊艳的一次室内设计。两张床后面的墙面与其正上方的天花板贴着群青色缎带修饰的黑白纹壁纸，客房其余部分都粉刷成白色，房间内所有的织物设计都经过统一规划，包括印刷条纹和方形贴花。在这样一个令人感到眩晕的空间中，家具设计并未失去光彩，明亮的橡木被漆以黑色条纹和蓝色方块图样。浓郁的色彩结合细部的几何形态，特别是小方块形的线条，隐约透露出麦金托什与维也纳分离派（Vienna Secession）设计师之间的互相影响。

　　尽管大部分的英国人并不知道麦金托什是何许人也 [1920 年《理想家居》（*Ideal Home*）登载了德恩格特的设计时也未提及麦金托什的名字]，但是他的设计却得到了来自欧洲其他地区的赞赏。为了响应新艺术运动，一种更为简洁的风格开始在德国和奥地利萌芽，维也纳分离派（创立于 1897 年）和维也纳工坊①的设计师们开始崇拜麦金托什朴实的设计。1897 年，格利森·怀特（Gleeson White）在《工作室》上发表文章介绍麦金托什的作品，《装饰艺术》（*Dekorative Kunst*）以及其他各种先锋派期刊也在次年介绍了他的设计作品。1900 年麦金托什参加了在维也纳举办的维也纳分离派展览，并在展会上展出了一个原创的茶室设计。

维也纳分离派是一个另立门户的展览团体，面向奥地利及欧洲其他地区那些不满美术学院（Academy of Fine Arts）一统天下状况的画家和建筑师。它的主要目的之一，是要根除长久以来存在于艺术与设计之间的隔阂。这一点其实在"艺术与手工艺运动"的原则中已得到实现，即（工艺）美术家及建筑师应当把自身的高品位与独特视角运用到设计中去。具有代表性的人物是分离派的创始人之一约瑟夫·霍夫曼（Josef Hoffmann, 1870 ~ 1945），他的名字被《工作室》提及，他被定位为"建筑师和装饰家"（Architect and Decorator）。

在维也纳分离派举办的展览中，设计扮演着重要的角色，其地位也因此得到了提升。1898 年，在首次分离派展览上，展出了比利时象征主义画家费尔南·克诺普夫的绘画、惠斯勒（Whistler）的版画印刷品、维也纳分离派创始人之一——画家古斯塔夫·克里姆特（Gustav Klimt）的作品以及沃尔特·克兰的图书插图，此外还有一些墙纸设计和彩色玻璃制品。霍夫曼特地为此次展览设计了房间"神圣春天"（Ver Sacrum, 以 1898 年分离派创立的杂志命名）。房间本身包括家具在内都很简洁。虽然新艺术风格的统一视觉元素是紧致的鞭索状线条，而这里的主要图案却是垂直线条，如椅背、桌腿、橱柜正面以及门框上都有三条平行的木质条纹。朴素的墙面和地板，还有式样简洁的窗帘都增添了房间的朴实氛围。

这次展览获得了十分可观的经济收入，使得分离派有足够的经济能力在同年建

---

① Wiener Werkstätte, 由约瑟夫·霍夫曼等人于 1903 年创立的一个包括画家、雕塑家、建筑师和装饰艺术家的合作团体。——译注

42. 奥托·瓦格纳：奥地利邮政储蓄银行的主营业大厅，维也纳，1906年。瓦格纳设计的室内清晰明亮，细节一览无余，成为1905年柜台的范本。整齐的立方体桌椅采用染成深色的榉木为原料制成

造了属于自己的展览馆。展馆由建筑师、分离派创始人之一的约瑟夫·玛丽亚·奥尔布里希（Joseph Maria Olbrich, 1867 ~ 1908）设计，他将几何图案和设计与一个盘绕着金色月桂枝条的巨大穹顶结合在一起，赋予室内设计在使用上极大的灵活性。

　　分离派的第二次展览展出了素有"维也纳先锋派之父"之称的奥托·瓦格纳（Otto Wagner, 1841 ~ 1918）的建筑绘画作品，他开明的教学方法曾经鼓舞了霍夫曼和奥尔布里希，他为维也纳的邮政储蓄银行（Post Office Savings Bank, 1904 ~ 1906）设计的室内空间堪称20世纪初最明亮也最为实用的作品之一。主大厅设有一个拱状的玻璃屋顶，所有的金属梁柱都不做刻意雕饰，墙上的铝质风扇依照一定的间距有规律地排列着。如此朴素的室内设计与维也纳盛行的复古主义产生鲜明对比，尤其与1888年建成的著名的"环城大道"（Ringstrasse）形成强烈对照。分离派的大部分

展览空间均采用简洁的形式，这种风格一直持续到1905年该组织解散。

分离派的成功及英国"艺术与手工艺运动"的理念激励着霍夫曼和另一位设计师科洛曼·莫泽（Koloman Moser, 1868 ~ 1918），他们于1903年创建了一个朴素的工艺车间——维也纳工坊（Wiener Werkstätte）。与"艺术与手工艺运动"一样，霍夫曼和莫泽都反对批量生产的方式，而仅仅利用高质量的材料和先进的技艺，然而这种与20世纪相背离的生产方式，使得维也纳工坊仅限于制造供富裕阶层享用的精美物品。

维也纳工坊设有建筑师办公室，用以协调建筑和室内设计，其首个大项目是普尔克斯多夫疗养院（Sanatorium at Purkersdorf, 1904 ~ 1905）。霍夫曼负责这幢早期铸铁与混凝土建筑的整个设计，包括最小的细节，从室内陈设、装饰品，直至在维也纳工坊制作的器具。与房间"神圣春天"一样，疗养院的室内设计既显严谨性又不失实用性，它完全以垂直线和水平线为基调：门厅的地砖铺成正方形，椅子的

43. 约瑟夫·霍夫曼和科洛曼·莫泽：普尔克斯多夫疗养院的大堂，1904 ~ 1905年。椅子、地板及墙面设计均表达出对正方形元素的强调

44、45. 约瑟夫·霍夫曼与维也纳工坊：餐厅与中厅，布鲁塞尔斯托克莱宫，1905～1911年。堪称一件专供奢华人士享用的纯粹的"空间艺术品"，同时诠释了基于矩形元素的设计恰恰能够兼顾富丽的外形与实用的功能

靠背和侧面由七条垂直挡板架成正方形，甚至连霍夫曼设计的小型器物，比如一套银色茶具和托盘也都是以正方形为基础的。

维也纳工坊最具意义的设计项目，是位于布鲁塞尔特弗伦大街（Avenue de Tervueren, Brussels）的斯托克莱宫（Palais Stoclet, 1905 ~ 1911），这是建筑设计师、手工艺人和艺术家三者合作的成功典范。这次，维也纳工坊无须在使用最好的材料和最出色的建设者这一原则上妥协——业主是身价百万的银行家阿道夫·斯托克莱（Adolphe Stoclet），预算上没有任何限制。霍夫曼和维也纳工坊一起设计了大楼、花园、室内以及所有的配件，包括餐具。这是一件终极的"总体艺术"作品（Gesamtkunstwerk or 'total work of art'）：中央大厅高达两层，立柱与墙壁贴敷着黄色和棕色的大理石，地面是镶木地板，放置着矮靠背休闲椅以及裹着麂皮的沙发。狭长的餐厅也为大理石贴面；绵延整个房间的组合边柜上方是古斯塔夫·克里姆特（Gustav Klimt）创作的新艺术风格的带状装饰画：由银、珐琅、珊瑚和宝石混合而成的马赛克勾勒出一幅生命树般的抽象画卷。

与本章描绘的大多数室内设计一样，斯托克莱宫是独特的。此时的建筑设计师们尚未开始面对批量生产的挑战，并尝试延续工业时代前的方式。就像《工作室》杂志的奥地利通讯员解释道："现代艺术的未来取决于中产阶级，只是他们需要接受教育。这样的教育也是值得的，在维也纳，过去五六年间人们所表现出的对现代化的向往就是最好的证明。但是那些迎合这个阶级的人们，应该专注于制造优质的产品，并在设计和施工上精益求精。如果公众被传授了从各式各样的仿品中鉴别真正的艺术的方法，那么他们便会欣赏艺术品各自的价值。诚然，制造上乘的产品需要更高的成本，但这仅仅是初始代价，从长远来看，好的商品是更便宜的；更重要的是，它们通常会产生其自身的内在价值。"现代主义运动的设计师们正着手面对大众品位所带来的挑战，并在下一个先锋派室内设计的阶段取得了不同程度的成功。

44、

第 3 章 |
现代主义运动

　　受到一种新"机器美学"思想的激励，现代主义运动（Modern Movement）摒弃了室内设计中过于繁复的冗余装饰，把"批量化生产"重新定义成为满足消费需求的生产手段。合理化和标准化的概念也启迪了现代主义运动的理论家们。为了创造一个更为明亮、宽广也更具功能性的环境，大量新型材料和建筑技术被相继采用。早期的现代主义的设计师们希望通过创建一种更健康，又能体现民众意愿的设计风格来改变社会环境，改善大众的居住条件。

　　率先对室内装饰设计提出全盘否定的是奥地利建筑师阿道夫·洛斯（Adolf Loos, 1870 ~ 1933）。洛斯曾在美国工作了三年（1893 ~ 1896），这段经历或许可以解释他为何如此厌恶新艺术风格和维也纳工坊（Wiener Werkstätte）过分奢华的室内设计。留美期间，他了解了路易斯·沙利文和弗兰克·劳埃德·赖特的设计。由于没有经历过欧洲的新艺术运动，洛斯并未受其影响，但却受到了英国的"艺术与手工艺运动"的激励。上述种种外在因素促使洛斯视装饰为一种退化了的、颓废的事物而拒绝接受。他最著名的批判文章《装饰与罪恶》（Ornament and Crime）于1908年1月首次在自由派的《新自由杂志》（Neue Freie Presse）上公开发表。文中他指出，这种强烈要求对室内表面进行装饰的行为是一种粗糙的、未开化的行为。他分别用"刺花文身""现代犯罪"以及"在厕所墙壁上任意涂鸦"三种行为做例证比喻，进行了充分的辩证论述。这种辩证虽然并未受到过多的关注，但是对于新艺术风格设计师所倡导的"在所有表面都应附以装饰"的理念却是一种成功的挑战。他的文章和室内设计作品鞭策、鼓舞着一代建筑师们继续开拓现代主义运动。

在战前的维也纳，洛斯以一名室内设计师的身份服务于各类民用及公共建筑。他的作品，利奥波德·兰格公寓（Leopold Langer Flat, 1901）、施泰纳住宅（Steiner House, 1910），还有他自己的公寓设计，都展现出他对于室内空间娴熟的驾驭能力。裸露的柱梁和前卫的家具均营造出一种舒适而非"虚饰"的空间氛围。无论何时，洛斯都尽可能地将内置式家具（built-in, 或称作"嵌入式家具"）作为他的"空间设计"（Raumplan）理念或大体量空间规划中的重要组成部分，这就涉及内部空间错综复杂的秩序问题。而洛斯在维也纳设计建造的默勒住宅（Moller House, 1928）和位于布拉格附近的米勒住宅（Müller House, 1930），都将这种错层式的空间处理表现得淋漓尽致。在米勒住宅的起居室内，黑色的天花横梁及勾勒门框、架子和窗架的黑色木条强调了"水平"与"垂直"的设计元素，也展示了运用矩形所带来的综合效果。洛斯娴熟的空间处理能力也在其他一些社会项目设计中体现出来，如他设计的位于维也纳卡纳特斯大街的"美国酒吧"（American Bar in the Kärntnerstrasse, 1907）。高挑的红木护墙板上方设置了一些镜子，用于反射周边那些黄色大理石凹陷方格天花板和平滑的绿色大理石柱，大大提升了空间纵深感与空阔感。事实上，房间的尺寸只有 3.5 米宽、7 米长，只不过对镜子的位置进行合理安排更深化了空间内这种虚幻的纵深感，同时并没有将客人反射进去。

尽管在现代主义运动中获得了巨大声誉 [洛斯的《装饰与罪恶》一文于 1920 年被再次刊登在勒·柯布西耶（Le Corbusier）主办的杂志《新精神》（L' Esprit Nouveau）中]，洛斯却未曾真正加入现代主义运动中；虽然在全面摒弃表面装饰

46. 阿道夫·洛斯：默勒住宅的起居室，维也纳附近，1928年。四步台阶将空间区分为两个层次

47. 阿道夫·洛斯：美国酒吧，维也纳卡纳特斯大街，1907年。矩形的镜面使空间富有纵深感

方面起了促进作用，但他的工作主要集中在 19 世纪，因此也不曾涉及"批量生产"的问题。与他同时代的另一名建筑师彼得·贝伦斯（Peter Behrens, 1868 ~ 1940），也是一位推动了现代主义运动的著名人物。贝伦斯供职于德国电气公司（AEG），他的设计铸就了艺术与工业两者间的全新联系。贝伦斯为公司设计的平面布局、工业设计及厂房造型都展现出清晰的线条感与现代外观，他充分利用新型材料，为工厂创造出简洁而现代的全新视野。建于柏林的 AEG 汽轮机工厂（AEG Turbine Factory）便是完全运用混凝土浇筑、由裸露的钢管构筑而成，再次印证了贝伦斯从未试图用装饰来掩盖结构的设计理念。

贝伦斯在 AEG 所做的设计得到了德意志制造同盟（Deutscher Werkbund）成员们的一致赞赏。德意志制造同盟是一个与"机器时代"息息相关的组织机构，在赫尔曼·穆特修斯和凡·德·费尔德的支持下，于 1907 年在柏林成立。到 1910 年，该机构已发展到拥有 700 多名成员，其中约有一半是工业设计师，其他的是艺术家。它的主要目的便是要将制造业（主要针对工厂主）与艺术家联合起来，共同改善德国设计。德意志制造同盟并不忽视批量生产，为了提升工业设计水准开展了一项特色推广活动，将已经获得认同的产品设计公布在年刊和一些公众宣传资料上。与该组织相关的设计师们都试图将新的功能主义美学观应用到室内设计之中，卡尔·施密特（Karl Schmidt）便是其中一位。施密特是德意志制造同盟的创建者之一，同时掌管着一家家具制造公司——"德国制造"（Deutsche Werstätten）。在"同盟"设计师理查德·里默施密德（Richard Riemerschmid, 1868 ~ 1957）的帮助下，该公司设立了一处新工厂，专门从事批量生产标准化家具和预建房屋。对建造大批量住房的改善成为"制造同盟"所要关注的重点之一。

虽然在某种程度上，德意志制造同盟已经为批量生产的设计向崭新的美学观过渡铺平了道路。但是从一开始，在商界与艺术界之间就存在着观念上的分歧。这种冲突在 1914 年举行的制造同盟会议（Werkbund Conference）上表现得尤为尖锐。在会议上，穆特修斯提出设计应当标准化，并由一定数量的"符号形式"组成，这

48. 理查德·里默施密德：带床的客厅，1907 年。为"德国制造"家具公司所做的经济型空间设计，位于德国海勒洛

样也有利于德国经济的发展。凡·德·费尔德则反对这种改革，认为这样将会抑制和抹杀个人的艺术创造灵感。他的观点赢得了会上多数人的支持。可见，在成员们的思想之中，艺术的价值观早已根深蒂固。

沃尔特·格罗皮乌斯（Walter Gropius, 1883 ~ 1969）倾向于凡·德·费尔德的立场。他深信，个人的创造力与艺术的完整性对于支持全新的现代主义美学观而言，是极为重要的。1914 年，他为中欧卧车及餐车股份公司（Mitropa, 1914）设计的卧铺车厢，体现了对有限空间的功能性利用。在 1910 年至 1911 年间，他与阿道夫·梅耶尔（Adolf Meyer, 1881 ~ 1929）合作，设计了专业生产鞋楦（shoe-last）的法格斯工厂（Fagus）。这座位于莱茵河畔阿尔费尔德的（Alfeld-an-der-Leine）工厂建筑堪称是现代主义运动的设计典范。1907 年到 1910 年，格罗皮乌斯在贝伦斯事务所工作，从他建筑格调上所表现出的"极度简洁"可以看出贝伦斯对他的影响。在法格斯工厂的设计中，最令人震撼的是楼梯间的设计，这个楼梯间一直延伸到空间另一端，几乎完全暴露在巨大的玻璃窗下。格罗皮乌斯是一位颇能巧妙利用新结构与新技术的设计师。在"制造同盟"于1914年举办的科隆博览会（Werkbund's Cologne Exhibition of 1914）上，他通过一个工厂模型大胆地展示了这种开创性的设计理念：一种被玻璃立面紧紧包围而螺旋向上的楼梯间样式。

　　格罗皮乌斯的大胆设计引起了凡·德·费尔德的注意，他推荐格罗皮乌斯成为魏玛工艺美术学校（Weimar Kunstgewerbeschule）的新任校长。该校就是包豪斯学校（Bauhaus）的前身。包豪斯于1919年正式建立后，由格罗皮乌斯担任校长一职。学校的主要目的一是要将美术和工艺贯穿起来进行教学，一是在艺术和工业这

49. 汉斯·珀尔齐格：格罗瑟大剧院，柏林，1919年。展现了表现主义的盛况

50、51. 左图，包豪斯霍恩展示馆内一角，一座建于学校附近街道上的实验性建筑，为1923年的展览而建。右图，费利克斯·德尔·马尔莱（Félix Del Marle）：家具，德累斯顿，1926年。由法国的风格派追随者创作，被风格派画家彼得·蒙德利安称为对"现代造型艺术"的最完美诠释

两个曾经存在着巨大沟壑的领域之间建立起沟通的桥梁，而第二个目的未能实现。学校并非从事工业设计，而主要是作为艺术实验与工艺生产的中心。作为一个设计交流的国际性平台，包豪斯对现代主义运动的发展有着不可磨灭的作用。

　　最初，包豪斯曾着重强调表现主义（Expressionist）的风格，《1919年宣言》就是以莱昂内尔·费宁格（Lyonel Feininger）的表现主义版画作品为封面的。战前的德国盛行表现主义风格，带动了一系列强调夸张形式和怪诞效果的设计作品。这一点从1914年的德国科隆博览会上就不难发觉，布鲁诺·陶特（Bruno Taut）的设计作品"玻璃亭"便是很好的证明。这是一座用五光十色的玻璃嵌板搭建而成

52. 格里特·里特维尔德：施罗德别墅的客厅，乌德勒支，1924年。灵动的内部空间环绕着中央楼梯井，宽敞的开窗将视觉的局限降低到最小。1918年诞生的红蓝椅，其设计清晰展现了特别的绞合关节及各式各样超乎寻常的连接方式。注意地板上的分区，这表明可借滑动的隔断而区分出独立的客厅与卧室空间

的拱形建筑，灵感来自神秘作家保罗·希尔巴特（Paul Scheerbart）的作品。[1]另外，由埃里克·门德尔松（Erich Mendelsohn, 1887 ~ 1953）设计，位于波茨坦的爱因斯坦塔（Einstein Tower at Potsdam, 1919 ~ 1920）及由汉斯·珀尔齐格（Hans Poelzig）设计的柏林格罗瑟大剧院（Grosse Schauspielhaus, 1919），都在一定程度上进一步体现了这种怪诞的艺术风格。在这样一个能容纳约5000观众的大剧场内，珀尔齐格采用了巨大的钟乳石形式作为装饰，意图创造一种奇特、神秘的空间氛围。可惜的是，这种短暂的运动不久就被现代主义所取代，于是珀尔齐格等设计师们也开始朝着更加功能化的设计方向寻求发展。

位于柏林的佐默费尔德住宅（Sommerfeld House, 1921）是包豪斯的首个重要项目，由格罗皮乌斯和梅耶尔出任设计，并在学生的配合下共同完成。该建筑选用原木材料手工建造，十分符合手工艺美学。但是到了20世纪20年代，学校引进了

[1] 希尔巴特不是建筑师，而是一位作家，专好写作奇思异想之语。受到他的启发，陶特借助现代材料与绚烂的色彩，完全采用由玻璃砖组成的结构形式，创造出了一座极富想象力的建筑。在这座"玻璃亭"的束带层上，铭刻着一些希尔巴特的文字，诸如"彩色玻璃消弭仇恨"之类。——译注

很多新晋设计师，将"国际先锋派"风格引入教学实践中，令包豪斯逐渐失去它原本注重的神秘主义色彩与工艺技能。

风格派（De stijl）的影响也相当重要。这是一个于1917年成立于中立国荷兰的组织，其拥有一份发行量不大的同名的杂志。受到神智学者的新柏拉图派哲学（Neoplatonic philosophy of the Theosophists）的启发，画家蒙德里安（Piet Mondrian, 1872 ~ 1944）、设计师兼理论家和画家的凡·杜斯堡（Theo van Doesburg, 1883 ~ 1931）以及设计师格里特·里特维尔德（Gerrit Rietveld, 1888 ~ 1964）创造了新的美学观念。风格派试图借黑、白、灰三种最基本的颜色，创造出朴实、大众却又能完美地表现简洁几何形体的设计形式。风格派设计师们为达此目的，尽可能地将自己的设计限定在水平和垂直的几何平面上。1918年，里特维尔德设计的红蓝椅（Red/Blue chair）就是最早表现这种美学观念的作品之一：椅子的结构是由螺钉将油漆胶合板简单地拧在一起，似乎是在对物质的基本形态提出最根本的反思。里特维尔德还把风格派的这种理念应用到实际的工程项目之中。1924年，他为业主特鲁斯女士（Mrs Truus Schröder）于荷兰乌德勒支郊区设计了一栋小型住宅——施罗德别墅（Schröder House, Utrecht, 1924），该作品极其典型地表现了风格派美学理论在室内设计中的突出运用。

对水平感与垂直感的强调以及对色彩区间的限定，都使房屋的内外空间在视觉上显得统一又协调。里特维尔德的创作灵感来源丰富，包括日式的住宅设计和弗兰克·劳埃德·赖特的设计作品。他看了于1910年和1911年由瓦斯穆特出版发行的赖特作品〔《瓦斯穆特作品集》（*Wasmuth Portfolio*）〕[①]，其中包括赖特的著名演讲——《机器美学下的艺术与工艺》，以及他的工作规划和照片等。无论是弗兰克·劳埃德·赖特为弗朗西斯小筑（Francis Little House）设计的起居室还是里特

---

① 该作品集由恩斯特·瓦斯穆特（Ernst Wasmuth）出版发行，画册中逾百页的高质量图片介绍了赖特的建筑设计作品，此人也因该作品集的出版而闻名。——译注

维尔德设计的室内作品，均重复着水平和垂直线条的主旋律。里特维尔德设计了整座建筑，包括房屋的固定装置及全部配件。上层被设计成可变动的形式，房间被设置在楼梯井边，滑动隔板可界定工作室和卧室区域，或者推开隔板，整个楼层则成为自由贯通的空间。1924 年，凡·杜斯堡发表了名为《一座可塑性建筑所应具备的十六大要素》（*Sixteen Points of a Plastic Architecture*）一文，文章中详尽地描绘了这种颇令人激动的空间形式。杜斯堡在文中谈到了风格派："这是一种反立体形式的新型建筑，即不必在一个封闭的立方体内，固定住不同功能的空间单元，而是从建筑的核心离散分布着这样的空间单元（包括悬垂的平台、阳台、房间等）。"

凡·杜斯堡将风格派带到了魏玛，并且为当时的包豪斯（1921 ~ 1923）开设了一门非正式的课程，与当时学院内强调神秘色彩和工艺装饰的正式课程形成竞争态势。

另一个对包豪斯理论的形成具有影响的先锋派运动是构成主义（Constructivism）。1917 年俄国爆发"十月革命"，先锋派的艺术家们开始寻求一种更唯物主义的艺术设计来迎合无产阶级的需要。弗拉基米尔·塔特林（Vladimir Tatlin, 1885 ~ 1953）、亚历山大·罗琴科（Alexander Rodchenko）、瓦尔瓦拉·斯捷潘诺夫（Varvara Stepanova）和伊尔·李斯兹基（El Lissitsky, 1890 ~ 1947）等人在 1917 年以前都是杰出的艺术家，但他们认为当时的艺术家既肤浅又自我放纵。由此，这些艺术家们转而为革命服务，例如为艺术院校工作或是为工人阶级设计实用的工作服等。1922 年，伊尔·李斯兹基在柏林组织了一个苏维埃艺术展览，他创办的杂志《目标》（*Vesch*）将俄国的构成主义（Russian Constructivism）理念传入德国。

20 世纪 20 年代起，激进派（Radical）开始对包豪斯产生显著的影响。格罗皮乌斯调整了教员结构：聘请俄国的抽象派绘画先驱瓦西里·康定斯基（Wassily Kandinsky, 1866 ~ 1944）管理壁画工作室；邀请匈牙利的构成派艺术家，同时也是实验派画家兼摄影师的拉斯洛·莫霍伊–纳吉（László Moholy-Nagy, 1895 ~ 1946）承担基础课程（Basic Course）的教学工作。1923 年，包豪斯做了教学成果的首次公开展览，从展览中可以觉察出其教学重点从手工艺转变到了现代设计。此次展览安排在与一年一度在魏玛举行的制造同盟会议同时进行，而大获成功。在展览中，包豪斯通过一座经过特殊设计的建筑将学校的新型教学方法呈现得淋漓尽致，这座展示建筑以它坐落的街道名字命名——霍恩展示馆（Haus am Horn），在阿道夫·梅耶尔的指导下，由乔治·穆赫（George Muche）担任设计。建筑由钢铁和混凝土构成，房子规划以简单的方形为基础，主要的生活区被设置在中心地带，位于上层的面积不大的窗户用于采光，强调功能性，每个空间均功能明确，确保了效率最大化。包豪斯的成员们设计并制造了所有兼具简洁外观与实用功能的设施和家具。其中由一位名叫马塞尔·布罗伊尔（Marcel Breuer, 1902 ~ 1981）的学生设计的厨房，就是对家务空间进行合理设计的早期优秀案例。在该案例中，室内安装了一个连续的工作平台，还有很多形状相同且已投入批量生产的存储罐。

　　这次展览奠定了包豪斯在创造新功能美学方面的领导地位。1925 年，学校被迫从魏玛搬到德绍（Dessau）的一个工业城镇，它的领导地位在这一期间得到了进一步的巩固。格罗皮乌斯承担了校舍及教员与学生们的居住区的设计。针对教学、行政办公和学生们的住宿需求，居住区由钢筋混凝土建造的矩形大楼连接而成。这是第一座以现代主义风格设计的大型公共建筑：格罗皮乌斯全部采取平屋顶形式，在一幢有四层工作车间的大楼内，使用巨大的玻璃幕墙，以便为教学提供更优越的采光环境；利用滑轮系统可以同时打开十扇窗户，其体现的精湛的技术令人赞叹。建筑的室内设计由包豪斯的工作车间完全承担。其中，莫霍伊–纳吉设计了剧院的角形金属灯，马塞尔·布罗伊尔（原为包豪斯学生，现为该校讲师）设计了一款金属管座椅。

　　教工宿舍设置在学校主区附近。身为校长的格罗皮乌斯为自己设计了一间独立的屋子，也为其他教职工设计了三对半独立式的住宅。与霍恩展示馆一样，这些区域均被有意识地按照功能优先的原则进行严谨的布置。室内陈设极其简洁，色彩装饰异常朴素，显然这些建筑的居住舒适度并不高。这种经济的处理方式非常适合厨

53. 校长办公室，包豪斯，德绍，1926年。顶部吊灯由莫霍伊－纳吉设计，其灵感来源于风格派。扶手椅由格罗皮乌斯设计。壁挂和地毯则出自包豪斯的纺织作坊。尽管"装饰"与功能主义室内设计的现代主义运动理念水火不容，但画家克莱与康定斯基对色彩理论的传授和纺织作坊的工作成就了该设计独特的色彩与图案

54. 马塞尔·布罗伊尔：厨房设计，1923年。最早的设备齐全的厨房之一，配有储物罐，为包豪斯举办的首次原尺寸展而设计

55. 沃尔特·格罗皮乌斯：校长公寓的厨房，该设计是包豪斯搬迁到德绍后所做，1926年。值得关注的是图中最新款式的小型设施，如与视线齐平的烤箱等

56. 包豪斯剧场，德绍，1926年。以金属和帆布为材质的座椅设计出自马塞尔·布罗伊尔之手，成角度排列的轻质金属吊灯则由莫霍伊–纳吉设计

房和浴室空间：例如格罗皮乌斯为自己设计的厨房，其效率性堪称典型代表，配备了所有最新款式的小型家电，如洗衣机、烤炉等都一应俱全。

迁址德绍，标志着包豪斯的实验性设计风格进入了成熟时期。由学生玛丽安娜·勃兰特（Marianna Brandt）、K. J.尤克尔（K. J. Jucker）和威廉·瓦根费尔德（Wilhelm Wagenfeld）等人设计的灯具成为包豪斯工厂产品的最为成功的典范。这些灯具不仅外观时尚现代，使用起来也不失坚固与实用，在20世纪20年代晚期到30年代期间被大量地生产、销售。包豪斯另一个商业上取得成功但并不前卫的作品是为德国朗饰墙纸制造有限公司（Rasch of Bramsche）设计的有图案和纹理的墙纸。这家公司在1930年便将此设计投入生产。此外，包豪斯最著名的产品非金属椅莫属了，这些作品如今被看作现代主义运动的象征。布罗伊尔设计的钢管椅，赫赫有名的瓦西里椅（Wassily Chair）是1925年为康定斯基的员工楼而设计的，由标准家具公司（Standard Möbel）改造后生产。遗憾的是，这些设计均选料昂贵且制作工序繁杂，致使椅子的定价远高于当时的另一家竞争企业——以设计简单的曲木家具为主的奥地利索涅特兄弟公司（Thonet Brothers）。包豪斯的设计受到"机器美学"的鼓舞，就其外观而言，它们的产品看似很适应工业化批量生产并具备巨大的市场潜力，而事实上，它们的风格和价格决定了这些设计或许只能更多地为时尚的中产阶级所拥有。

1928年，沃尔特·格罗皮乌斯辞去校长一职，由激进的建筑师汉斯·梅耶（Hannes Meyer, 1889～1954）继任。汉斯·梅耶认为包豪斯过于孤立，必须更多地与外界保持联系。在汉斯·梅耶管理期间，学校创造了许多与工业界的合作成果，最显著的是与朗饰的合作。他创办新的室内设计学部，主要针对家具和器具，从而取代了负责金属加工和橱柜制作的工作室，建筑学部成为最重要的部门。包豪斯的十二名学生被安排到德绍州的远郊特坦（Törten）地区负责设计批量建造的住宅。但是，汉斯·梅耶的社会主义倾向致使他受到德绍州地方政府和公众的排斥，因而不得不在1930年被迫辞职。校长一职也由另一位更加保守的德国建筑师

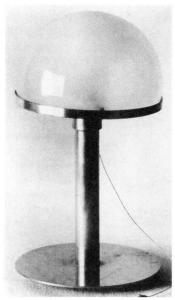

57、58. 左图，马塞尔·布罗伊尔：瓦西里椅，1925 年。为了效仿自行车结构的轻巧与强度，布罗伊尔选择钢管作为椅子的支架。右图，K.J.尤克尔、威廉·瓦根费尔德：台灯，1923 ~ 1924 年，灵感来自功能性几何美学

密斯·凡·德罗厄（Ludwig Mies van der Rohe）担任。

　　密斯不是一位受学生欢迎的校长，因为当时的学生在汉斯·梅耶的熏陶之下，将兴趣与热情更多地倾注于批量建造的房屋设计上，也更热衷于挖掘现代设计的潜在价值。德国其他地方的设计师也曾尝试这种设计理念。例如，由格雷特·许特 – 莱霍茨基（Grete Schütte-Lihotzky）于 1926 年为建筑师恩斯特·梅（Ernst May）设计的法兰克福厨房（Frankfurt kitchen）便是其中之一。由于法兰克福的城市住房供给十分紧张，恩斯特·梅和他的同事不得不设计廉价且实用的住所来最大限度地容纳更多的居民。受狭小空间的限制，家具被统一设计成特殊的嵌入式形式，以便获得更大的使用空间。1913 年，克里斯蒂娜·弗雷德里克（Christine Frederick）

59. 格雷特・许特－莱霍茨基：法兰克福厨房，1926 年。为一个不到 7 平方米大小的空间合理地提供最佳工作环境。请注意旋转高脚凳、折叠式烫衣板和直达天花板的内置储藏空间。顶部吊灯亦可沿轨道移动

在纽约出版了《新家务指南》（ *The New Housekeeping* , 1922 年在柏林出版），针对无用人家庭如何节省时间和精力提出了一些建议。克里斯蒂娜认为，厨房仅仅是用来备餐的，而不能用于就餐和清洗衣物。她同时又指出，应当尽可能地减少消耗在来回于家电和工作区之间的时间。有关提高家庭管理效率方面类似的书籍，包括如何在轮船和火车上设计微型厨房等现实问题，都直接或间接地影响着设计师们的理念与创造。

对昂贵材料的偏好使得密斯的作品极尽奢华，占据设计市场的高端。他在 1929 年的巴塞罗那博览会（Barcelona Exhibition of 1929）上呈现的德国馆（German Pavilion）设计，就完全忽略了成本与功能的限制。此外，密斯还充分尝试了对"临时结构"的使用。在德国馆的设计中，材料的使用十分醒目且极为铺张，如采用黄铜、大理石和平板玻璃等，不过他将材料的效果发挥到了极致，所有外表都没有经过装饰。馆内结构包含一个伸展的平板和一些有趣的墙体。这些墙都

经过仔细的安置，便于空间上实现充分的自由流通。在该馆的室内设计中，由皮革和铬合金制成的巴塞罗那椅（Barcelona chair）堪称是具有历史性意义的作品，作为现代设计经典之作直到今天依然在生产。

密斯于1930年设计的图根德哈特住宅（Tugendhat House）是其另一个重要项目，位于捷克斯洛伐克的布尔诺地区（Brno, Czechoslovakia）。他在设计中使用了相同的空间概念：细长的十字形支柱支撑着巨大的起居室，柱子外层覆盖着发亮的不锈钢；室内空间被随意放置的隔板所分割，灰色的网纹大理石隔板（Malaga

60. 密斯·凡·德罗厄：巴塞罗那馆和巴塞罗那椅及脚凳，1929年。西班牙国王和王后亲临展馆开幕式，开幕式在此馆举行

61. 密斯·凡·德罗厄: 图根德哈特住宅的餐厅, 1930 年。扶手椅以镀铬钢和银灰色纺织面料为材质, 图根德哈特椅专供客厅区之用, 而用餐区则以白色羊羔皮为软垫的布尔诺椅为主

62. 十六号住宅, 魏森霍夫住宅区, 1927 年。格罗皮乌斯为该住宅项目设计了起居室, 家具均由马塞尔·布罗伊尔设计。餐桌上的吊灯则由玛丽安娜·勃兰特于 1925 年间在包豪斯开发设计

onyx，用于制作隔板的石材原料为产于西班牙南部马加拉城的缟玛瑙石）将书房与生活区分隔开来；厨房区则由一个半圆形的乌木屏风（Macassar）围合而成。密斯的这项作品和其他多个项目，都是在莉莉·赖希（Lilly Reich）的帮助下完成的。这位女设计师曾与密斯一起设计巴塞罗那的德国馆。在密斯担任包豪斯校长期间，她也在学校教授室内设计课程。图根德哈特住宅的设计具有密斯与赖希二人的典型特征，材料运用方面融合了奢侈与朴素的双重质感，例如以天然的银灰色丝绸作为窗帘材料，将羊毛织物铺作地毯，选择棕褐色、翡翠绿的皮革和白色的小山羊皮作为家具的垫衬用料等。此外，还有用白色亚麻油地毡铺成的室内地板以及钢管家具等都在氛围与效果上营造出十足的雅致与讲究。

1927 年，密斯参与了由德意志制造同盟负责，位于斯图加特（Stuttgart）的著名建筑集群——魏森霍夫住宅区（Weissenhofsiedlung）的设计，该区实际上是为一次建筑博览会而建。在这次展览上，密斯首次对现代建筑做了国际性的陈述，即后来被著称为"国际现代主义"的建筑风格。当时，政府提供资金赞助"制造同盟"设计并建造二十一间样板住宅。密斯还邀请了十五位重要的现代建筑师参加，其中包括格罗皮乌斯、勒·柯布西耶，还有荷兰风格派建筑师奥德（J. J. P. Oud）等。

这次展览使现代主义设计广为人知，也将持这种美学观念的设计师展示于国际最前沿。勒·柯布西耶在展览中设计了两所住宅，表达了他的"建筑五大要素"（Five Points of Architecture，即底层架空、屋顶花园、自由平面、自由立面及横向长窗的五大要素）：第一，建筑应建立在底层以上的桩柱支撑结构（pilotis，由钢筋混凝土制造的能够自主竖立的方形结构支柱）基础之上；第二，室内空间应当可以自由规划使用，不受承重墙的制约；第三，应当具备屋顶平台；第四，需要设置大面积的窗户，作为外墙的连续的组成部分；第五，建筑外立面应由平坦的表面所组成。勒·柯布西耶的公寓内采用可移动的隔板设计，单一的空间可经过自由分隔形成卧室空间。这种令内部空间不受限制的创造，正是现代主义室内设计的思想基础。

德国设计师们都试图去适应工业化的需求，而柯布西耶却借助"机器产品"

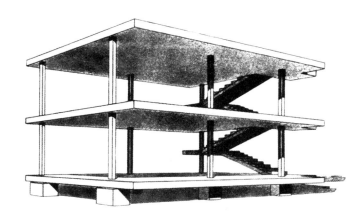

勒·柯布西耶的多米诺住宅，1914年，由建筑师构想出的一种适用于工业化住房的"基础形式"，阐明了他要求废除墙体支撑的结构概念

作为他的"一次性"创作灵感而反其道行之。他在1918年与画家阿梅代·奥藏方（Amedée Ozenfant）共同引领了纯粹主义运动（Purist Movement）来展示一种全新而通行的美学理论。他们绘制了一些瓶子和玻璃器皿的设计图样，认为这些日常器皿虽然造型平庸却适于批量生产，在经年累月的研究和实践进化过程中体现出设计的根本。这种做法类似于达尔文进化论的理念，被应用到建筑中。勒·柯布西耶甚至还致力于寻求最简单、最合理，并且能够适用于任何设计问题的解决途径。

1920年，勒·柯布西耶与阿梅代·奥藏方一起创办了期刊《新精神》（*L'Esprit Nouveau*），并且在杂志中发表了他的美学理论，将当代汽车的优美线条与帕特农神庙（Parthenon）做了对比，论证二者所体现的美学理念是相同的；论证了两者都代表"符号形式"，或者说都是设计问题的根本解决途径。同样地，无论是设计家具还是重新规划整个巴黎城，勒·柯布西耶的设计灵感均来自这种通用的、绝对的美学理论。但是，把对工业设计的理解当作他观点立足的基础又显得偏颇，因为他所强调的"形式美"其实根本不存在，而且设计是随着市场供求的变化而变化的。

在1925年举办的巴黎国际装饰艺术博览会上（Paris Exposition Internationale

3

des Arts Décoratifs et Industriels Modernes ），勒·柯布西耶将他的一些理论应用到室内设计中。他的作品"新精神馆"（ The Pavillon de L'Esprit Nouveau ）—— 一座两层楼的小建筑，其中所有的元素，包括如索涅特曲木椅等适用于批量生产的家具，都向博览会所注重的"强调民族主义和装饰性"观点发起挑战。馆内的许多物件均是工业化生产出来的，或者为批量生产而设计的，比如一张由医用家具制造厂生产的桌子。房内所有的结构部件，如门窗等都建立在标准化模块的基础之上；室内被营造得极为简洁，空旷的墙面上仅仅选用莱热（ Fernand Léger, 1881 ~ 1955, 法国画家 ）的画作作为简单装饰。设计的主要关注点放在室内布局

63. 勒·柯布西耶：巴黎国际装饰艺术博览会上的"新精神馆"，巴黎，1925 年。挑高的两层起居空间与索涅特曲木椅之类的批量生产家具，与其他法国展品形成鲜明对比（详见第四章）

上，人站在阳台可以俯视整个双层活动区间，使一个十分有限的空间给人以较为空阔的感觉。

但是，"新精神馆"在博览会上引起强烈的公愤，因为设计明显地表现出对大多数展会所推崇的法国传统细木工艺的批判。勒·柯布西耶在同年出版的《今日的装饰艺术》（*L'Art décoratif d'aujourd' hui*）一书则掀起了更大的风暴。受到阿道夫·洛斯的启发，他在书中盛赞这种以实用为目的的新型工业设计，宣称所谓的"现代装饰艺术就是不经装饰的艺术"。他提出观点——"最好的设计是最简洁的"，认为之所以不应考虑运用过去的风格，是因为它已不再适用20世纪20年代了。他

64. 勒·柯布西耶：上层房间与阳台，萨伏伊别墅，普瓦西，1929 ～ 1931年。该别墅揭示了勒·柯布西耶一贯坚持的开放式设计理念

65. 勒·柯布西耶与夏洛特·贝里安著名的座椅设计：1927年的"躺椅"（又称"舒服机器"，右图）和1928年的"躺椅"（又称"极致舒享"），均展出于1929年。其设计用以阐释机器美学，并且仅针对上层阶级而未批量生产过

同时还嘲讽法国设计师们钟情于奢侈的材料，更断言"在我们身边依然存在着被驯化的奴隶，这些金色装饰和珍贵的宝石便是奴隶们的劳动成果"。

　　勒·柯布西耶这时期的建筑设计展现出纯粹主义的美学理论，代表作品有位于法国加尔什（Garches）地区的斯坦因别墅（Villa Stein, 1927）和位于法国巴黎边郊普瓦西的萨伏伊别墅（Villa Savoye, Poissy, 1929 ~ 1931）。这两栋别墅在室内设计上均采用双层形式，也都带有屋顶花园及斜面连接的楼层。柯布西耶把它们当作流动的空间去规划，而非被填塞或者装饰的既定区域。此外，他与夏洛特·贝里安（Charlotte Perriand, 1903 ~ 1999）设计的家具也是室内不可缺少的组成部分。这些家具经过设计师仔细考虑后得以精心安置，如同雕塑作品般极具审美情趣。

　　1929年的秋季沙龙（Salon d'Automne）家具展览会上，勒·柯布西耶与合作者一起再次展出了他们的作品及住所的设备规划。作品包括一个单独的大型居住区，其他房间都由此派生出来。房内的地板和天花板上覆盖着玻璃，连家具都是由玻璃、皮革和钢管等多种材料结合而成，这种对大面积的玻璃和金属材质的运用，

66. 理查德·诺伊特拉：洛弗尔住宅的楼梯，洛杉矶，1929 年。欧洲现代主义在美国得以发展的早期案例。房子拥有双层通高的起居室和内置式座椅。为解决楼梯墙面的照明问题，诺伊特拉选择了现成的工业元素：福特 A 型汽车的前车灯

营造出极为现代的视觉效果。

现代主义运动的国际声誉直到 1932 年才得以最终确立。纽约的现代艺术博物馆（Museum of Modern Art）举办了一次展览，用一系列照片呈现了勒·柯布西耶、密斯·凡·德罗厄和沃尔特·格罗皮乌斯等人的设计工作与成就，同时还展出了许多来自意大利、瑞士、俄国和美国建筑师们的工作成果。在展览的目录中，建筑史家亨利－拉塞尔·希契科克（Henry-Russell Hitchcock）和菲利普·约翰逊（Philip Johnson）贴切地将这些作品描绘成一种"国际风格"（International Style），并对这个特征做了综合归纳，即"摒弃装饰运用，注重灵活的内部空间"。这些作品均反对在墙体上使用色彩，强调"对一个房间的墙面装饰而言，满载图书的书架便是最好的装饰元素"。此外，在室内装缀植物景观的做法也受到赞许。

在 1932 年之前，一些欧洲移民已经把现代主义运动的设计思潮带入美国。只是，这种最早在美国得到提倡并鼓舞了欧洲设计师的"批量生产体系"，在美国室

内设计方面的影响却极其微弱。直到欧洲现代主义运动取得成功后，这种状况才得以改变。鲁道夫·M.申德勒（Rudolph M. Schindler, 1887 ~ 1953）和理查德·诺伊特拉（Richard Neutra, 1892 ~ 1970）从维也纳来到美国，运用欧洲的现代风格设计了一些具有影响的私人住宅。其中，诺伊特拉设计的洛杉矶洛弗尔住宅（Lovell House, 1929），内部使用了巨幅玻璃，具有自由的内部空间，被认为是值得被现代艺术博物馆收藏的杰出作品。

弗兰克·劳埃德·赖特和其他的美国设计师无法接受现代主义运动的制约，拒绝使用带有现代主义运动特征的桩柱结构和矩形体块。到了20世纪30年代，为了更好地体现美国人的价值观，赖特继续坚持个人风格，他的个性体现在其著名的作

67. 弗兰克·劳埃德·赖特：熊跑泉流水别墅客厅，1934 ~ 1936年。极为宽敞的客厅有着大面积的窗户以融合室内外景观，地面由天然石材铺成

品 "流水别墅"（Falling water）的设计中而达到极致。这座建于1936年的建筑位于宾夕法尼亚州的熊跑泉（Bear Run, Pennsylvania, 1936）之上，这个混凝土建筑建在山腰上，高悬于瀑布上方。而岩石构筑的墙体、胡桃木制作的家具和装置（木材原料来自北卡罗来纳州），以及巨大的窗户使室内空间与自然风光融成一体。在斯堪的纳维亚半岛（Scandinavia）也兴起了一种不那么工业化的现代主义设计。芬兰、瑞士和挪威不曾经历像英国、德国和美国那样快速的工业化进程，即便到了20世纪30年代前后，现代主义运动的理念逐渐影响到斯堪的纳维亚半岛时，那里依然传承着强大的传统手工艺。鉴于英国的艺术品和工艺品对于多数人来说显得过于昂贵而无力购买，相比较而言，斯堪的纳维亚的手工艺品就易于为大众所接受。于是，现代主义的简洁作风开始与民间设计结合起来，斯堪的纳维亚式的 "现代风格" 由此产生。从20世纪30年代开始，设计大师布鲁诺·马松（Bruno Mathsson, 1907 ~ 1988）、博里·穆根森（Borge Mogenson）、卡尔·克林特（Kaare Klint）和芒努斯·斯蒂芬森（Magnus Stephenson）设计的家具出口到美国和英国，相对于德国钢管椅的冷漠感，这种柔软的曲线和温暖的木质触感则更受大众的偏爱。

在国际上，最具瑞士现代风格的代表人物当属芬兰建筑师阿尔瓦尔·阿尔托（Alvar Aalto, 1898 ~ 1976）。同在芬兰的帕伊米奥结核病疗养院（Sanitorium at Paimio, 1933）和维普里图书馆（Viipuri Library, 1935）均为其知名代表作。与他同时代的德国人已经使用混凝土了，而他则继续使用砖和木材。在维普里图书馆的演讲大厅内，波浪起伏的木质天花板是阿尔瓦尔·阿尔托提倡人文主义极为突出的例证。这时期的家具设计，阿尔瓦尔·阿尔托还尝试使用弯曲胶合板和层压板，营造出一种既具现代感又不失温情的人性化效果，室内设计更加协调。

当现代主义运动逐渐被国际前卫思潮接受时，它开始被赋予了新的政治含义。1932年，纳粹控制下的魏玛政府关闭了包豪斯。为了让学校生存下来，密斯·凡·德罗厄把它作为一个不公开的机构设立在柏林郊区一个废弃的工厂里。即便是这样，包豪斯最终还是在1933年被纳粹关闭了。对德国的极端右翼分子而言，

68、69. 阿尔瓦尔·阿尔托:
讲演大厅，维普里图书馆，
1935年。起伏的木质天花板和
胶合板的曲木家具，展现了一
种以更人性化的斯堪的纳维亚
方式接受现代主义的典型事例，
成为战后室内设计的重要内容。
右图，阿尔托设计的椅子

70. 朱塞佩·泰拉尼：位于科莫的法西斯大厦内的会议室，1932 ~ 1936年

现代艺术与设计代表着国际文化及犹太文化对德国"民族文化"（volk culture）的玷污。到了20世纪30年代晚期，德国的本地方言或者是古典文艺被认定为适于表现"第三帝国意识形态"（Third Reich ideology）的唯一方式。希特勒政府的官方建筑师阿尔贝特·施佩尔（Albert Speer）就在巨大的纪念性建筑空间内，再现了过去的帝国辉煌，令设计成为政府借以进行"恐吓"与"镇压"的手段。

相反，现代主义的设计在意大利的形势却完全不同于德国。法西斯分子（Fascists）选择将理性主义建筑（architetture razionale）作为其政党风格（Party style）。位于科莫的法西斯大厦（Casa del Fascio at Como, 1932 ~ 1936）是朱塞佩·泰拉尼（Giuseppe Terragni）采用国际风格设计的一所建筑，拥有白色的墙体以及经过特殊设计的钢管家具。意大利右派与现代主义的联姻源自1914年至1917

年的未来主义运动（Futurist Movement），这场运动运用绘画、诗歌和"圣埃利亚"（St Elia）的建筑绘画形式来颂扬机器美学，同时将第一次世界大战当作"社会卫生运动"而欢迎它的到来。

内战期间，英国不愿意承认其作为世界强国的地位正日渐衰退，依然对过去的传统珍爱有加。现代主义运动对英国室内设计的影响极其缓慢，是因为它在英国被视为外来的而非本土的，并且具有"左翼"性质（鉴于包豪斯的历史，这种印象并非完全毫无根据），英国的现代主义者（British Modernist）追寻的是一种激进形象。在强大的"英国本土"观念（British home）与"艺术与手工艺"价值观念的长期影响下，现代主义在不列颠大地上难以受到大众欢迎。追随现代主义的一些骨干分子试图说服英国民众和企业来接受现代主义的精髓，却被一种改宗的风潮以及一个日渐流行的竞争对手所阻止。这种风格通过好莱坞的方式进入英国，下一章将会详细介绍。

1915年，依照德意志制造同盟的模式，英国建立了英国设计与工业联合组织（DIA，以下简称"联合组织"）。在最初创建时，其成员有伦敦希尔斯公司的家具零售商安布罗斯·希尔（Ambrose Heal of "Heal's"），德里亚德家具制造公司（Dryad）执行长官哈利·皮奇（Harry Peach）以及希尔的远亲塞西尔·布鲁尔（Cecil Brewer）。他们努力尝试提高国民的审美能力，例如1920年举办的家庭用品展览（Exhibition of House hold Things）便是"联合组织"的宣传活动之一。展览展出了包括家具、纺织品、陶瓷制品和玻璃器皿等八个类型的家用制品。从这次展览以及"联合组织"随后出版的作品中可以明显地看到，与德国相比，该组织对"优秀设计"的评价标准具有更为宽广的视角。"联合组织"的年刊效仿德国版式样，既向读者展现乔治亚复兴式风格（Georgian Revival）的作品，也介绍蕴含在工业产品设计中的功能主义美学理论。英国设计与工业联合组织堪称是国际现代主义的英式版本，它削弱了斯堪的纳维亚式的现代主义和"艺术与手工艺"的传统理念。这种兼容并蓄的设计风格可以从家具生产商兼设计师戈登·拉塞尔（Gordon

71. 戈登·拉塞尔，餐厅设计，1933 ~ 1936 年。栗木与核桃木制成的日本风格家具，由戈登·拉塞尔公司设计制造，它证实了英国设计并没有对欧洲现代主义做出多少妥协。地毯设计出自玛丽安·佩普勒（Marian Pepler）（伦敦杰弗瑞博物馆，拉塞尔）

Russell, 1892 ~ 1980）的作品中感受到。拉塞尔使这三者互为影响的关系得到调和，并以此为 20 世纪 50 年代的英国室内设计打下了基础。

　　沃尔特·格罗皮乌斯、马塞尔·布罗伊尔和建筑师埃里克·门德尔松在远赴美国躲避德国纳粹党之前都加入了设立在伦敦汉普斯特德辖区的帕克希尔（Parkhill）的一个激进社团。在英国，像他们这样的设计师很难承接项目。格罗皮乌斯在前往哈佛大学任职之前设计了英国伊平顿乡村学院（Village College, Impington，英格兰的第四所乡村学院，位于剑桥）。马塞尔·布罗伊尔于 1935 年至 1937 年间在英国逗留，期间为伊斯康公司（Isokon）设计了胶合板工艺的曲木家具。埃里克·门德尔松与俄国设计师塞尔杰·切尔马耶夫（Serge Chermayeff, 1900 ~ 1996）合作设计了位于萨塞克斯郡的德拉沃尔大厦（De La Warr Pavillion, 1936）。设计师雷蒙德·麦格拉思（Raymond McGrath, 1908 ~ 1977）被任命为 BBC 新总部广播大楼的装饰设计顾问（Decoration Consultant）之后，英国的现代室内设计得到了积极的推进。麦格拉思本人是个折中主义者，因此他聘请塞尔杰·切尔马耶夫和现代派建筑师韦尔斯·科茨（Wells Coates, 1895 ~ 1958）共同加入。科茨设计的播音室相当简洁实用，采用了钢管等现代材料。同样的特征也反映在伦敦地铁站（London

Underground stations）的设计中，该车站由英国设计与工业联合组织的成员兼伦敦客运业集团负责人弗兰克·匹克（Frank Pick）委托，由建筑师查尔斯·霍尔登（Charles Holden）设计。英国随后的三十多条地铁站隧道都是依照现代主义运动的原则进行设计，这些通道不但更加通亮、易于使用，而且清晰展现了公司的形象。

　　在1933年举办的英国工业艺术展之"家庭篇"（Exhibition of British Industrial Art in Relation to the Home）上，现代家居设计开始呈现在公众面前。韦尔斯·科茨设计的"微型公寓"（Minimum Flat）灵感来源于一个备受关注的问题：如何在狭小的空间内安排生活起居。"微型公寓"的设计严格地遵循了现代主义的功能性原则，公寓内拥有厨房、卧室、起居室和浴室等生活必备空间。评论家和大众对此的反

72. 查尔斯·霍尔登：伦敦地铁站，莱斯特广场，1935 年。设计显然遵循了现代主义原则

应相似，认为厨房或浴室的设计如同地铁站和播音室的设计，都应注重使用效率，运用现代主义理念便可实现这一目标，只是这种形式不适合英国的起居室。

到了20世纪30年代末，美国成为现代建筑设计的核心。格罗皮乌斯、密斯·凡·德罗厄、马塞尔·布罗伊尔和莫霍伊－纳吉等建筑师开始在美国工作、教学，并于1937年在芝加哥再次组建新包豪斯学院（New Bauhaus, Chicago），使现代主义在"二战"之后再次受到了高度评价和效仿。然而，在20世纪的20、30年代，法国、美国和英国的室内设计还存在着另一股与现代主义相竞争且普及面更为广泛的风格，那就是著名的装饰艺术（Art Deco）。

第 4 章 |
装饰艺术和现代风格

在1910年的布鲁塞尔世界博览会（Bruxelles Exposition Universelle）上，法国展出了新艺术风格的室内设计，而德国设计师却呈现出一派崭新的设计风格。以阿尔宾·穆勒教授（Albin Müller, 生于1914年）为代表的设计师们将慕尼黑作为创作基地。受到查尔斯·伦尼·麦金托什的影响，他们的空间设计不但极为简洁，在布置上也遵循几何秩序。尽管评论家们并不看好这些作品，认为它们过于朴素、拘谨及乡土化，但显然这些作品比起过时的新艺术风格代表着一种进步。

同年末，在巴黎秋季沙龙上，法国人明显觉察到来自德国的挑战气息。自1903年起该展览作为艺术展而创立，1906年以后开始展出设计作品，如1910年展出了来自慕尼黑的装饰设计作品。这些作品与德意志制造同盟有关，例如卡尔·贝尔奇（Karl Bertsch, 1873～1933）设计的女性卧室，尽管法国的专家们批评它缺乏女性气息且工艺粗劣，却没能阻止作品大获成功。这深深地刺激了法国的设计师，促使他们采取行动来维持自身自18世纪以来一直作为品位领导者的地位。于是，举办一个仅以设计为主题的国际博览会的计划便开始形成了。

装饰艺术（Art Deco）之名正是取自这次国际博览会的标题，由于受到第一次世界大战的影响，此次巴黎现代工业装饰艺术国际博览会（Paris Exposition Internationale des Arts Décoratifs et Industriels Modernes, 以下简称"巴黎博览会"）直到1925年才得以举行。这次展览展出的法国作品突出了法国室内设计的现代化。不同于以往的是，建筑设计在这次展会上被置于次要的位置。在以往，无论是新艺术运动还是现代主义，都是以建筑为基础，室内装饰设计则被认为是次级艺术，而今，室内装饰设计俨然已成焦点而备受瞩目。

　　来自古典主义的灵感、以光滑表面包裹立体造型、钟情于异国情调、选材昂贵以及重复的几何形图案等，这些都是装饰艺术的特征。虽然装饰艺术风格直到1925年才逐渐受到广泛关注，但其根源已存在于"一战"前的法国核心设计师们

73. 埃米尔–雅克·鲁尔曼：大客厅，装饰艺术博览会收藏馆展区，巴黎，1925年。位于壁炉上方由让·迪帕（Jean Dupas）创作的《鹦鹉》是一件特地委托创作的壁画，其形象后来被塞西尔·B. 米勒效仿出现在其作品《炸药》之中，1929年

的作品中。在 18、19 世纪的法国，高端优质的家具设计所崇尚的古典形式，就曾被视为对新艺术的极端化风格做了清理与提炼后的设计典范。

在 1918 年 至 1925 年 间 的 法国，埃 米 尔–雅 克·鲁 尔 曼（Emile-Jacques Ruhlmann, 1879 ~ 1933）是当时室内和家具设计领域公认的领袖人物。他的作品依照法国 18 世纪的传统模式，其建筑的细部设计和室内的布局比例都受到古典主义的启发。此外，他的家具设计时常结合帝国时期的特征，如家具的支腿呈锥形且带有凹槽、桌子呈鼓状等。他的设计频繁地使用纤细的象牙镶条，以及被称作"木屐"（sabots）的精美象牙罩来覆裹椅脚，以衬托出家具的线条美。如此优良的工艺展现出一种对 18 世纪的怀旧情愫，与许多法国装饰艺术设计家一样，鲁尔曼只选用珍稀的材料，例如蜥蜴皮、鲨革、象牙、龟甲和来自异国的硬质木材等。

对贵重材料的偏爱使鲁尔曼的作品注定局限在富人阶层，或者类似于巴黎商会（Paris Chamber of Commerce）和亚德里化妆品公司（Yardley）这样的高端客户。为了突显自身的与众不同，从 1928 年开始，他给每件作品配以版本序列号，以及一张有他签名和号码的证书。

在 1925 年巴黎博览会的收藏馆（Le Pavillon d'un Collectionneur）展区，鲁尔曼展出了他为自己居所设计的一系列房间。其中餐厅的设计具有浓厚的古典情趣，椅子带有些许 18 世纪的贡多拉①风格。展馆举办的大型沙龙展出了鲁尔曼的优秀作品，作品特色为：墙面上涂有醒目的图案，空间内挂着巨大的枝形吊灯，细部设计饶有古典意味，最为特别的是整个房间墙面与天花板的衔接部分采用古典柱的顶部形态进行装饰。

同样地，设计师安德烈·格鲁（André Groult, 1884 ~ 1967）和保罗·伊瑞布（Paul Iribe, 1883 ~ 1935）也从以往的法国式样中汲取灵感，创造出一种新的风格。伊瑞布是法国时尚界的一个重要人物，1912 年他为现代艺术收藏家同时也是时尚女

---

① gondole，意大利威尼斯著名的"凤尾船"。

装店主的雅克·杜塞设计了一套带有18世纪古典样式风格的公寓；格鲁则将路易十六（Louis XVI）时代的家具线条与装饰艺术的特征相结合，例如将花篮、花环、流苏、绳子和羽毛组成一定的形状。1925年博览会上的法国大使馆厅展出了他设计的女性卧室，卧室布置包含了以鲨革制成的家具：形似炸弹的抽屉橱以及覆有丝绒的颇具贡多拉风格的椅子等，抽屉橱的流畅曲线使可能成为房间未来主人的参观者们倍觉美观。

　　装饰艺术设计师们不仅仅从法国的传统模式中汲取灵感。一个标志性的图案是"旭日"，可见于格鲁设计的床头和床脚处。这种图案可能源自古埃及艺术，自从1922年埃及法老图特安哈门（Tutankhamun）的墓葬被发掘后，艺术家们普遍地从这种图形汲取灵感。大多数装饰艺术还从注重几何形体的立体主义（Cubism）中获得启发。立体主义由巴勃罗·毕加索（Pablo Picasso, 1881 ~ 1973）和乔治·布拉克（Georges Braque, 1882 ~ 1963）开创，是一场绘画领域的先锋派运动，从1907年开始，一直延续到1914年。立体主义旨在寻求一条解构艺术的复兴之路，

74、75. 安德烈·格鲁：夫人客房，装饰艺术博览会法国大使馆展馆，巴黎，1925年。天鹅绒的内饰和一个弧形皮面抽屉柜均塑造了一种女性氛围。最右侧的凳子则由鲁尔曼设计

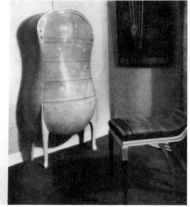

以二维方式来表现三维的空间艺术。这种对现实视觉的全新解读，催生出一些新的图像形式（如"片断""锐角"等），装饰艺术家也接纳了这些形式并将其渗透到他们的作品之中。

1912年的秋季沙龙（Salon d'Automne）上，从展出的作品中可以明显看出立体主义与室内设计之间存在着直接关联。当时著名的传统设计师安德烈·马雷（André Mare, 1887～1932）、路易斯·休（Louise Süe, 1875～1968）与二流立体派艺术家罗歇·德·拉·弗雷奈（Roger de la Fresnaye）、雷蒙德·迪尚－维永（Duchamp-Villon）还有雅克·维永（Jacques Villon）等人一起，共同创作了"立体屋"（Maison Cubiste）。1919年路易斯·休和安德烈·马雷独立创建了法国装饰艺术公司（Compagnie des Arts Français），这些人的合作也因此得以维持。

立体主义的灵感源泉之一是非欧洲艺术（Non-European Art），装饰艺术设计师则通过同样的途径来创造异域风情，并使之成为该风格的一大特色。设计师皮埃尔·勒格兰（Pierre Legrain, 1887～1929）通过对新材料的运用再现了异域家具（non-Western furniture）的风采。例如，在1923年的"装饰艺术大师沙龙"（Salon des Artistes Décorateurs）上展出的曲形座椅，即是依照阿散蒂人（Ashanti，非洲西部阿散蒂地区）椅子的样式制成。此外，他1924年设计的椅子，选用棕榈木薄板和羊皮纸为材料，也是依照埃及的式样而设计的。

莱昂·巴克斯特（Léon Bakst, 1866～1924）为俄罗斯芭蕾舞团创作的舞台设计也激发了人们对异域情调的追求。1908年，巴黎上演了狄亚基列夫（Serge Pavlovich Diaghilev）的芭蕾舞剧《莎赫拉扎德》（*Scheherazade*）。舞台的鲜明色彩再现了一个遥远国度神秘的异域风情，加之在1896年到1904年间受到《一千零一夜》（又译《天方夜谭》）法国译本的影响，当时以波斯和阿拉伯为主题的热潮风靡一时。在英国和美国，也同样出现了追捧东方潮流的现象，人们狂热地追求形状各异、覆有豪华织物流苏的大靠垫。1920年6月，《理想家居》（*Ideal Home*）曾探讨过有关靠垫的话题。这是一本主要针对英国中产阶级室内布置流行趋势的新艺术杂

76. 保罗·普瓦雷：卧室，1924 年。异域风情的墙面装饰与放有流苏绸垫的矮床唤起了人们对东方氛围的向往。而构成这幅虚幻意境的最后一笔似乎是那只迷失在天花板中央的蜗牛壳

志，其刊登了《生活中不可或缺的靠垫：该如何制作，怎样摆放？》一文，该杂志强调靠垫应放置在色彩强烈的环境中，如红色和黑色搭配的房间，并搭配带有中式风情的塔形灯具和漆器家具。

此时的先锋派画家们正在尝试着发掘色彩的潜在价值，他们也对装饰艺术产生了显著影响。在"一战"前的巴黎，由索尼娅（Sonia Delaunay-Terk, 1885 ~ 1979年）和罗伯特·德洛奈（Robert Delaunay, 1885 ~ 1941）等人发展起来的俄耳甫斯主义（Orphism）[①]绘画，曾试图将色彩从画纸中解脱出来。在 20 世纪第二个十年，索尼娅尝试把俄耳甫斯主义绘画运用到设计中，在她装饰的公寓内，几何形图案的织物包裹着方形扶手椅，并搭配了合适的小毯子，墙上还挂着带有米色图案的亚麻织品。

野兽派（the Fauves，又称"Wild Beasts"）是一个由画家组成的群体，包括马蒂斯（Henri Matisse, 1869 ~ 1954）、德兰（André Derain, 1880 ~ 1954）和弗拉曼克（Maurice de Vlaminck, 1876 ~ 1958）等人。1905 年至 1908 年间，他们在作品中大量使用生动而对比强烈的鲜艳色彩，这种色彩上的搭配方式被设计师采纳，以反衬新艺术风格中乏味、柔弱的色彩基调。高级女装设计师保罗·普瓦雷（Paul Poiret, 1879 ~ 1944）独创的设计把女性从紧身胸衣中解放出来，由此名声大震。对于东方色彩的神秘感或是色彩的强烈感，没有哪个设计师能比他把握得更好了。1912 年，在保罗·普瓦雷见到了维也纳工坊（Wiener Werkstätte）的作品之后，设立了他自己的室内装饰工作室——阿特利耶·马丁（the Atelier Martine）。野兽派画家杜飞（Raoul Dufy, 1877 ~ 1953）一直为该工作室设计明亮鲜艳的织物。直到 1912 年，他离开了工作室，到一个大型纺织厂——比安基尼费里耶工厂（Bianchini-

---

[①] 俄耳甫斯主义是诗人阿波利奈尔（Guillaume Apollinaire, 1830 ~ 1918）在 1912 年对德洛奈等人绘画风格的命名。在他看来，这些画家在画布上进行单纯的形色组合创作，与希腊神话中俄耳甫斯对音乐形式的运用如出一辙，"用视觉领域内完全由艺术家创造出来的元素，表现出新的结构艺术……它是纯粹的艺术"。——译注

Férier）设计图案。此外马丁学校（Ecole Martine）也为工厂提供设计服务，这是一所供工人阶级的女孩们就读的学校，普瓦雷称赞她们的作品"充满了天真而又绚烂的色彩"。阿特利耶工作室成功地设计并出售了印花织物、墙纸、陶瓷制品、地毯和刺绣等成品，同时还承接全套室内设计项目，包括保罗·普瓦雷自己的时装店设计。在店内，涂绘在墙上的花树装饰色彩明亮，低矮的家具和醒目的纺织品图案均营造出明亮的视觉效果。

保罗·普瓦雷并没有在室内陈设与纺织品（如店内的时装）之间做明确的限定，高级女装与室内陈设之间的交相呼应是装饰艺术风格的典型特征。这种风格对于崇尚理性与功能性、具有阳刚气质的奥地利和德国的设计来说，无疑是种挑衅，因此它常被认定为是"轻薄的""非理性的"纯粹装饰，还带有西方文化固有的性别观念中的"阴柔气质"。

法国女装在 1925 年的巴黎博览会上占据了主导地位，这种所谓的主导地位在很大程度上归因于当时他国参与不足。德国声称主办方邀请得太晚而没有参加；美国则拒绝参与，其贸易部长赫伯特·胡佛（Herbert Hoover）认为美国没有能力提供一件符合博览会当局要求的"新颖且真正原创"的作品；英国方面也表现冷淡，只展出了一件结构含糊且顶部装有一个航船模型的摩尔式[①]建筑。这件作品由伊斯顿（Easton）和罗伯逊（Robertson）设计，亨利·威尔森（Henry Wilson）参与装饰，并未给法国观众留下深刻印象。1924 年英国政府曾在温布利（Wembley）举办了大英帝国博览（Empire Exhibition），一年之后，面对仅隔一年的巴黎博览会，英国却只愿意提供一点象征性的支持。

会场大多数的展览区均由法国展馆组成，连主要的巴黎百货商店也都举行大型展秀，许多商店创建了室内装饰部。在展会上，大量以装饰艺术风格设计的房间陈设展现了艺术家们娴熟的技艺。保罗·福洛（Paul Follot, 1877 ~ 1941）从 1923 年

① Moorish, 意指北非等地的穆斯林风格。——译注

77. 女装设计师雅克·杜塞位于讷伊的别墅，1929年。房间内的装饰艺术的主题，包括天花板阶梯状金字塔的图形、书桌和左侧设计灵感源自非洲部落的脚凳等，都表明作品出自皮埃尔·勒格兰（Pierre Legrain）之手

起掌管邦马尔凯商店（Bon Marché）的波莫纳（Pomone）工作室，莫里斯·迪弗雷纳（Maurice Dufrêne, 1876 ~ 1955）从1921年开始在法国拉法叶百货（Galeries Lafayette）[1]执掌麦特里斯工作室（La Maîtrise）。保罗·福洛为邦马尔凯商店的大型沙龙，设计了地毯、陈列柜的板面以及柱楣使用了对比强烈的尖角形图案与花形图样。装饰艺术风格的室内设计很少结合绘画艺术，因为装饰艺术本身就已足够丰富多彩。但是，壁画是个例外。

　　壁画是用来体现装饰艺术室内设计之豪华的必不可少的一部分。埃米尔·雅克·鲁尔曼在大型沙龙"收藏博览馆"（Le Pavillon d'un Collectionneur）中采用了让·迪帕（Jean Dupa, 1882 ~ 1964）绘制的巨幅作品《鹦鹉》（Les Pérruches）。

---

① 也译为"老佛爷百货"，法国久负盛名的百货公司。——译注

这是迪帕风格的代表作，将妇女形象与鸟、水果、花等组成的极其丰富的色彩背景结合在一起。另一位风格类似的壁画家约瑟－马利·塞尔特（Jose-Marie Sert，1874～1945），他的作品多是大手笔，包括为上流社会的高端客户设计舞厅装饰。他还经常用黑漆在以金银箔为底面的背景上绘制富有异域色彩的场景，反映出他之前所从事的舞台设计对他产生的影响。

装饰艺术的金属家具和装置上也带有异国风格的动植物形态。以阿芒德－阿尔贝特·拉托（Armand-Albert Rateau，1882～1938）为例，他创造的室内场景就展现出一种怪异的风格，如用青铜的鸟形装饰支撑桌面，甚至连浴室的洗浴龙头也是这类形状。他为女装店主让娜·兰文（Jeanne Lanvin）设计的公寓也显现出这种格调：一间挂着蓝色刺绣丝绸的卧室里，放置着一张矮桌，支撑在大理石桌面下的便是泛着铜绿的青铜鸟形支脚。埃德加·勃兰特（Edgar Brandt，1880～1960）是20世纪20年代著名的法国金属工匠，他的设计频繁使用动物、鸟和花卉等图形。他在1923年设计的装饰面板"阿尔萨斯之鹳"（Les Cigognes d'Alsace），是在一个八角形里绘制三只鹳鸟，周围装饰着花环以及呈放射状的光束和螺旋形图案。1928年，伦敦新开张的塞尔佛里奇百货商店（Selfridges）内的电梯采用了"阿尔萨斯之鹳"的复制品来作为装饰。勃兰特为1925年的博览会贡献了大量设计，其中包括"收藏博览馆"的铸铁大门的设计。

在博览会中，设计师还是传统的"法国设计师"（emsembliers）身份，安排布置室内空间的所有方面，以创造一件完美的艺术作品来象征性地表达未来居住者在室内空间上的情感需求。而装饰艺术的设计师们则反对现代主义运动的原则，认为它忽视了个性，尤其是忽视了他们所一直认为的关键之处——室内设计中的装饰问题。在博览会上，勒·柯布西耶的作品证明，现代主义的建筑师们可以将通用的设计风格运用到所有的室内场景，无论是私人的还是公众空间。

1925年的博览会之后，情况有所转变，法国的新一代设计师们的作品中逐渐体现出现代主义美学观。正如人们所了解的，现代风格的设计师们打破了旧式

78. 保罗·福洛：为巴黎邦马尔凯商店的波莫纳设计的大客厅，展出于1925年的巴黎博览会。在装饰艺术设计的发展进程中，巴黎百货商店扮演了重要角色

79. 阿芒德－阿尔贝特·拉托为服装设计师让娜·兰文设计的卧室，1920～1922年。黄白相间的雏菊刺绣和嵌入式的床榻共同塑造出一种精致而奢华的氛围。值得注意的是图中右下角处的铜绿大理石桌，其支脚采用鸟的形态（该房间后由巴黎装饰艺术博物馆进行再造）

桎梏，保罗·福洛尤其表现出对法国传统装饰的漠视。艾琳·格雷（Eileen Gray, 1879～1976）在其职业生涯的发展也呈现这一趋向。1920年，她为女帽制造商苏珊娜·塔尔伯特（Suzanne Talbot）设计了一套公寓。室内摆放着一些动物皮制品，扶手椅配有浅橙色的垫子，椅子的前腿造型模仿了两条向上扬起的蛇，另有一张独木舟形（piroque, 也作canoe）沙发涂满了锈绿色的青铜漆并带有银箔装饰；一面涂了中国漆的砖墙从画廊一直延伸到卧房，创造出装饰艺术中典型的异域色彩和豪华氛围。1922年，格雷在巴黎开办了她的陈列室——沙漠画廊（Galerie Jean Désert），出售独具装饰艺术风格的手工小地毯和漆器屏风。受20世纪20年代末现代主义运动的影响，格雷又开始对建筑产生兴趣，并逐渐抛弃早期较为浓烈的装饰风格。她后来的设计作品均为实用钢管、玻璃和木质家具，例如她在1927年设计的躺椅（Transat chair），便是一种用铬钢固件紧紧连接黑漆框架的盒状结构。

其他现代艺术家协会（Union des Artistes Modernes）的装饰艺术设计师也沿着相似路径发展。该协会成立于1929年，最初由成员皮尔瑞·查里奥（Pierre Chareau, 1883～1950）、勒内·赫尔布斯特（René Herbst）、罗伯特·马莱－史蒂文森（Robert Mallet-Stevens）和弗朗索瓦·茹尔丹（François Jourdain, 1876～1958）等人发起创办。这些设计师们欣然接受了新型工业材料和现代主义运动的理念，与比较保守的装饰艺术家协会（Societé des Artistes Décorateurs）相对抗。皮尔瑞·查里奥设计的巴黎圣纪尧姆街31号的"玻璃之家"（Maison de Verre）采用了标准的工业化部件，例如用玻璃砖在金属框架里构建整个墙面。尽管这种做法在表面上体现了些许现代运动的旨意，但更为贴切地来说，它仅体现了对现行美学理念的一种时尚化改编。如皮尔瑞·查里奥等设计师在作品中融入了一些现代材料和钢管家具，只为获得一种时尚效果，而不是要去迎合勒·柯布西耶或是包豪斯的设计理念和目的。

到了20世纪30年代，法国当局渴望能像过去十年一样，利用法国设计的影响力。1935年，当时世界上最大的邮轮"诺曼底号"（The Normandie）即将首

航，给法国设计师提供了展现最好作品的绝佳机会。勒内·拉里克（René Lalique，
1860～1945）从20世纪初开始就曾对玻璃进行实验，开发它在装饰方面的可行性，
包括用玻璃来制作香水瓶、车上的吉祥物和一些室内装置等。他在"诺曼底号"邮
轮上305英尺长（约93米）的主餐厅里采用了玻璃嵌板、两个巨大的枝形吊灯和一
些标准型灯具。当代设计受到来自当时法国官方的赞助与支持，这促进了装饰艺术
风格成功迈向世界。而在英国，情况却大相径庭，当地的室内设计师们在内心并不
存在如此强烈的民族自豪感。

　　与现代主义一样，装饰艺术与现代风格对英国设计产生的影响都是十分缓慢

80. 装饰艺术向现代主义转变。背景左侧，艾琳·格雷设计的粉红色扶手椅，椅子的扶手与支脚
为直立的蛇身造型，可谓是装饰艺术的缩影，1920年。另两张创作于1929年更具功能性的必比登
（Bibendum，即米其林轮胎人）椅和一张烟色沙发同样出自格雷之手，也显得更现代。格雷之前为
女帽制造商苏珊娜·塔尔伯特设计的深色、性感的寓所，后经保罗·吕奥1932年的再改造，寓所
内安置了玻璃地板和一片令人沉静的涂着白色油漆的墙

81. 皮尔瑞·查里奥："玻璃之家"，巴黎，1932 年。巨大的金属支架、玻璃砖、防滑橡胶地板等均是查里奥为装饰艺术风格的家具而特意塑造

82. 塞尔杰·切尔马耶夫：自用住宅的餐厅，伦敦，1930 年。这种将钢管与高度抛光的饰面相结合的现代手法，在 20 世纪 30 年代的英国实属罕见

的。"一战"以后，人们热衷于复兴不列颠时代的辉煌——都铎王朝和伊丽莎白时代，试图以此来消除笼罩在英伦上空的不安情绪。这些情感在室内设计上的反映，便是狂热地追求带有护墙板的房间装饰，以及一味效仿都铎王朝时期的室内照明设施。这一时期的英国杂志，如《工作室》《理想家居》和《装饰艺术年刊》（*The Studio Yearbook of Decorative Art*）等，所刊登的图片均是布置得十分舒适的传统英式小屋，如在屋内摆放一些仿制英王詹姆斯一世时期的家具，以及用印度手工印花布制成的织物等。这种古典元素的复兴不仅仅源于普遍存在的民族情绪，同时也是受到"艺术与手工艺运动"持续影响的结果。

1911 年，马塞尔·布莱斯坦（Marcel Boulestin）曾经在伦敦伊丽莎白大街

（Elizabeth Street, London）开设了一家名为"现代装饰"的装饰品商店，供售由保罗·普瓦雷工作室、安德烈·格鲁和保罗·伊瑞布等设计的墙纸和纺织品。但这并未对主流大众的品味产生过多影响。《工作室》杂志评论了1925年的收藏博览会，认为当时大多数的作品仅为了自身目的而一味地追赶新奇。1928年，舒尔布勒装饰公司（The Decorating Firm of Shoolbred）举办了一个展览，展出的是1919年由勒妮·茹贝尔（René Joubert）创建的现代室内装饰公司（DIM, Décoration Intérieure Moderne）的作品，这之后，法国的改良家具才得以在伦敦崭露头角。同年，

83. 来自鲁昂画家雷蒙德·奎贝尔的餐厅设计，勒内·拉里克为其做了玻璃艺术设计，该房间展出于装饰艺术博览会，巴黎，1925年。家具均以进口黑檀木为原材

Waring & Gillow家具公司在伦敦开设了现代艺术部（Mordern Art Department），
出售保罗·福洛和塞尔杰·切尔马耶夫主持设计生产的法国和英国家具。塞尔
杰·切尔马耶夫展出的六十八件陈设品均反映出巴黎人的偏好：带有饰面和高光泽
度的家具、带有图纹的地板及几何元素的图案。塞尔杰·切尔马耶夫也在其居所的
起居室和餐厅设计中营造出类似的效果，例如摆放带有现代风格特色的钢管椅。他
在这样一些建筑项目中，都能成功地将自身对现代风格的理解与法国的发展成果融
合、运用于一体。自1928年起，随着当时欧洲大陆的潮流被介绍和讨论，英国设
计也慢慢不再那么保守了。

　　然而，现代风格的主要灵感则是来源于美国。在1914 ~ 1918年第一次世
界大战期间，美国与欧洲遥相隔离，1925年的巴黎博览会让美国人初次领略到
先进设计的魅力。而在此之前，美国人的设计风格只能唤起人们对过去的记忆。
在"一战"中幸存下来的美国"艺术与手工艺运动"，与当时的基督复兴思潮
（Mission Revival, 1890 ~ 1915）和西班牙殖民复兴思潮（Spanish Colonial Revival,
1915 ~ 1930）交织在一起，成为一种潮流。美国十分珍视其在装饰艺术上所取
得的成就，在1925年的巴黎博览会上，美国虽然没有正式的作品参与，但派出了
一百多个来自各个设计领域的代表出席博览会。他们中的大多数人也被博览会上的
所见所闻深深打动，并把这种崭新的法国风格通过杂志、博物馆和商店陈列进行
广泛传播。1926年，纽约大都会艺术博物馆（The Metropolitan Museum of Art）组
织了一次手工艺设计的巡回展览，并专门创建了一座美术馆，用于展示在巴黎博
览会上购置的家具。1925年后，纽约一些非常著名的百货商店，如萨克斯（Saks）、
第五大道（Fifth Avenue）、梅西百货（Macy's）和洛德－泰勒百货公司（Lord &
Taylor）等都先后举办了当代法国家具展览。之后的三年内，全美约有三十六所博
物馆和百货商店都举办了类似的装饰艺术作品展。

　　装饰艺术能够被美国人热情地接纳，一方面因为它是一种崭新的风格，而非追
溯过去；另一方面因为美国作为一个相对年轻、富有朝气的国家，极其渴望建立一种

能与目前经济和工业相匹配，同时又与众不同的设计风格。美国曾经在批量生产和市场营销方面走在世界前列，而装饰艺术之所以在美国大受欢迎，不仅仅是因为那些几何形态在美国机器化生产的大环境下能够轻易而精准地复制、生产，更在于装饰艺术光鲜亮丽的外观和丰富、抽象的图案恰好能满足美国人的表现欲望。具有讽刺意味的是，装饰艺术所具有的舒适性依然由作为品位领导者的巴黎做权威解释。

　　出生于维也纳的设计师约瑟夫·乌尔班（Joseoph Urban, 1872 ~ 1933）创立了

84. "诺曼底号"邮轮的头等舱餐厅，1935年，餐厅内布置了拉里克①出品的巨大的枝形水晶吊灯，30面垂直灯板和12座配有底座的玻璃喷泉，闪闪发光地展现着法国设计的魅力

① Lalique's, 法国著名的水晶品牌。——译注

美国的维也纳工坊（Wiener Werkstätte），并在纽约第五大道上开设了一间陈列室，展示具有奥地利原创设计精神、做工精美、以几何图形为基础元素的家具。尽管他的维也纳工坊自1922年创建后只维持了两年左右，但是他重复地运用方形元素设计的椅子造型简洁，使美国人更加愿意接受装饰艺术的风格。1933年，芝加哥举办了世纪进程博览会（"Century of Progress" Exhibition）。在展馆设计中，包括对旅游和交通大楼（Travel and Transport Building）的设计，约瑟夫·乌尔班都采用了装饰艺术风格。在设计中，他运用了风格中常见的结合了金字塔与旭日形态的艺术图样。他的作品使装饰艺术很快被接纳，并广泛地用于建筑的内部空间，从迈阿密

85、86. 左图，约瑟夫·乌尔班："书房"，展出于建筑与工业艺术博览会，纽约大都会博物馆，1929年。地毯的图样设计呈现出强烈的几何艺术感。右图，章宁大楼的大堂，纽约。主题装饰匾额"忍耐"与装饰艺术风格的金属格栅出自勒内·保罗·尚贝朗和雅克·德拉马尔，1928～1929年。匾额装饰的内容是"纽约——机遇之城"系列装饰主题之一

87. 铸铝的灯具，设计的灵感来自当代的摩天大楼，威尔瑞与奥尔福德联合设计，卡拉马祖市政厅，1930 年

海滩朴素的旅馆到纽约城内各式各样的摩天大楼，遍及美国各个角落。19 世纪 70 年代，摩天大楼作为一种建筑样式在纽约兴起，并在 80 年代盛行于芝加哥。在当时的战争年月，摩天大楼却以飞快的速度在美国各主要城市拔地而起，而这些建筑的大厅设计也要求必须能与壮观的外表相得益彰。

　　在擅长以装饰艺术设计摩天楼大厅的设计师中，埃利·雅克·卡恩（Ely Jacques Kahn, 1884 ~ 1972）是重要的一位，其作品包括在 20 世纪 20 年代末设计的位于华尔街 120 号的莱夫库特服装中心（Lefcourt Clothing Center, 120 Wall Street）和位于约翰大街 111 号的布里肯大厦（Bricken Building, 111 John Street）。此外，克莱斯勒大厦（Chrysler Building, 1928 ~ 1930）和纽约帝国大厦（Empire State Building, 1930 ~ 1932）的室内均是依照装饰艺术主题而设计的，显得十分灿烂辉

88. 欧文信托公司的银行大堂的休息厅，纽约，由沃里斯、格梅林与沃克事务所的拉尔夫·沃克设计，1932 年

煌：克莱斯勒大厦的电梯门表面全部镶嵌着明亮的琥珀和褐色的木饰，并将图案设计成几何形莲花状；灯光装置、指示牌和地板上都装饰着花卉与几何图形，这些图案直接取自 1925 年的巴黎博览会。此外，还有一座极为著名的摩天大楼便是章宁大楼（Chanin Building），它建造于 1928 ~ 1929 年，以纪念成功的房地产开发商欧文·S.章宁（Irwin S. Chanin, 1891 ~ 1988）而得名。楼内庞大的室内装饰工作由章宁建筑公司的领导人雅克·德拉马尔（Jacques Delamarre）监制。其中，在一间专为欧文·S.章宁本人设计的富丽堂皇的套房盥洗室里，随处可见装饰艺术的元素：米色、金色和绿色相间的面砖，雕刻着几何图形的淋浴房玻璃门，门上方还有镀金的旭日图案。

86、

法国的装饰艺术也大大影响了辛辛那提卡鲁大楼的斯塔雷特荷兰广场酒店

（Starrett Netherland Plaza Hotel, Carew Tower, Cincinnati）的室内设计，它是由沃尔特·W.沃尔施格拉（Walter W. Ahlschlager）在1931年设计的（近期被重新修复）。在万豪酒店与棕榈阁酒店（Hall of Mirrors and Palm Court）的豪华大堂内装饰着的金属栏杆、精美玻璃还有金属灯具，都来自埃德加·勃兰特的风格。纽约欧文信托公司（Irving Trust Company, 1932）的银行大厅，是美国仅存的以纯粹装饰艺术手法设计的豪华作品之一。其门厅的布置十分华丽，墙面大面积地采用马赛克装饰，微妙地反射出红色或橙色的色泽变化；用来分隔墙面的嵌板和直立设置的暖气通风口，都突出了设计师对于垂直线条元素的运用。

　　在20世纪30年代期间，美国开始出现另一种设计趋势：装饰艺术中的垂直特征逐渐被水平线条所取代。这种新的设计趋势结合了装饰艺术、国际风格和法国

89. 沃尔特·多温·蒂格：福特汽车（法国）公司的客厅，巴黎，20世纪30年代晚期。摩天大楼大厅中的垂直线条被流线型设计取而代之

90. 工业设计师的办公室和工作室——雷蒙德·洛伊在当代美国工业艺术展中展出的模型工作室内，纽约大都会艺术博物馆，1934 年

现代风格的多样化元素，被称为"流线型风格"（Streamlining）或"美国的现代风格"（American Moderne）。

受到 1929 年华尔街金融危机的影响，美国生产商被迫为他们的产品开发新的市场。当设计被视为一种市场营销的工具时，其作用就变得十分重要了。生产商发现可以借助设计来更好地推销商品时，独具风格的设计师们开始受到如同电影明星般的追捧。诺曼·贝尔·格迪斯（Norman Bel Geddes, 1893～1958）、亨利·德赖弗斯（Henry Dreyfuss, 1904～1972）和沃尔特·多温·蒂格（Walter Dorwin Teague, 1893～1960）便是其中三位代表着新生力量的设计师。他们以流线型为设计风格，设计项目涉及从照相机、桥梁到海轮、火车等各个领域。他们设计作品的整体外观都可以在法国室内设计师（ensemblier）的作品中找到影子，流线型就是他们所选择的风格。

美国现代风格的形态元素从汽车或火车空气动力学实验中汲取灵感，满足了表现美国生活新活力的需要。美国现代风格具有装饰艺术的光滑外观特征，也具备法国现代风格对新材料的偏好，同时还存有一种乐观积极的机器美学观。这种机器美学观来源于意大利的未来主义运动和美国的本土艺术家斯图尔特·戴维斯（Stuart Davis, 1892 ~ 1964）。戴维斯在他的绘画作品中再现了美国大众文化振奋人心的艺术魅力与影响力。当美国从华尔街金融危机的打击中逐渐恢复过来时，一种新的乐观精神和对未来的信念开始变得流行起来。美国没有像欧洲那样受到过多的传统束缚，因而整个社会在各项家庭及公共事业中得以更自由地运用流线型设计。由于流线型源于空气动力学，并强调对水平元素的应用，以这种风格设计的室内往往在墙壁四周环绕着三条水平环带。受到空气动力学的影响，设计中经常会出现如泪珠般的形态或是光滑的圆角形状。

在早期的火车设计中可以看到这种新颖样式。以联合太平洋铁路公司（The Union Pacific Railroad）开创的"盐湖城号"（City of Salina）① 机车设计为起点，后以亨利·德赖弗斯的作品"20世纪特快"（20th Century Limited）为标志达到顶峰。"20世纪特快"是德赖弗斯于1938年为纽约总局（New York Central）设计的火车。它的车头前端以子弹头形状和水平带状线条为特征，象征着火车飞驰而过时的气流。车厢内部，德赖弗斯在支柱顶部和金属灯罩上采用了威尼斯风格的百叶帘和水平带状形态加以装饰，以贯彻气流的主题。此外，新材料和抛光漆的运用也是该风格至关重要的一点。德赖弗斯通过对彩色金属漆、软木镶板和塑料薄片的有效应用，赋予了机车外观耳目一新的现代感。

流线型最初仅作为一种适用于交通工具的设计风格，但到20世纪30年代被广泛地应用于各个领域，从厨房器具（如铁质品）到办公设备等都采用了流线型设计。1934年，纽约大都会艺术博物馆举办了当代美国工业艺术展（Contemporary American Industrial Art），雷蒙德·洛伊（Raymond Loewy）为该展览创作了一件作品——"工业设计师的办公室和工作室"（Model Office and Studio for an Industrial Designer）。这件室内作品几乎全部由象牙色薄板（laminate）和蓝色的

---

① 由普尔曼汽车与制造公司（Pullman Car and Manufacturing Company）于1934年生产。

91. 约翰逊父子公司行政大楼（庄臣大厦）内的大型办公室，美国威斯康星州拉辛市，弗兰克·劳埃德·赖特设计，1936～1939年

铜锌合金组成。此外，三条环绕房间的金属带再次强调了水平元素。空间内的所有线条，包括窗架和家具的造型均采用曲线形态，使得整个室内空间呈现出一种光滑而圆润的视觉效果。

在美国威斯康星州的拉辛市，弗兰克·劳埃德·赖特在约翰逊父子公司行政大楼（S. C. Johnson and Son Administration Building, Racine, Wisconsin, 1936～1939）的设计上也采用了相同风格。主办公室内的支柱接近天花板时便向外呈现梯级状的金字塔形，并与顶部用于分隔照明区域的圆盘造型相交合，这些支柱将主办公区分隔开来。他为办公室设计的金属家具，均重复使用圆形和水平带状形态来强调这种风格基调。由设计师唐纳德·德斯基（Donald Deskey, 1894～1989）设计的纽约无线城音乐厅（New York City's Radio City Music Hall, 1933），也是将流线型风格运用到商业空间的一个极为优秀的案例。在室内场景中，流畅平滑的线条设计、镜面外观、镀铬钢管、铝质家具、表面的镶饰工艺、塑料与油漆的质感等，均为室内营造出一种豪华且极富魅力的空间氛围。

　　由于该风格十分符合好莱坞在战争期间所表达的充满信心的情绪，美国的电影工业充分利用了美国现代风格和流线型特征。早期的影院布景采用纯粹而夸张的舞台造型，适合于黑白电影。到1915年，诞生了艺术总监（Art Director）这一职业，反映出欧洲实验艺术、建筑和戏剧，特别是表现主义（Expressionism）对

92. 唐纳德·德斯基：为艾比·洛克菲勒·米尔顿设计的餐厅，1933 ~ 1934年，纽约曼哈顿。银釉墙面、黑檀木桌子以及包覆椅子的白色皮革等，不由自主地唤起了法国设计师对珍贵材料的钟爱之情

93. 欧文·S.章宁的私人盥洗室，位于纽约章宁大楼第五十二层，1928 ～ 1929 年，值得注意的是淋浴门玻璃上方的旭日图案

美国现代风格的影响。塞德里克·吉本斯（Cedric Gibbons, 1893～1960）可以说是最早担任艺术总监的设计师之一，他曾在1938年时这样谦逊地描绘自己："我从事的工作应当令观众纯粹地感受到——环境布置与故事人物及氛围和谐而相融。"自从参观了1925年的巴黎博览会之后，吉本斯从展会中受到启发，在电影《大饭店》（*Grand Hotel*, MGM, 1932）的背景设计中，使用了缎锦材料的床品和帘帏等墙面挂饰，营造出奢华的室内格调。现代家具和镜面造型打造出适合于葛丽泰·嘉宝（Greta Garbo）气质的舞台氛围。不过，最豪华的布景设计还是用在了音乐片中，例如由巴斯比·贝克利（Busby Berkeley）执导的《掘金女郎》（*Gold*

94. 好莱坞电影传播了美国现代主义的信息：《我们跳舞的姑娘们》，1928年。背景由艺术总监塞德里克·吉本斯设计，采用颇具法国装饰艺术风格的靠枕沙发和好莱坞式的阶梯状屏风

95. 唐纳德·德斯基：纽约无线电城音乐厅经理的私人公寓，纽约市，1933年。具有异国情调的樱桃木镶板、胶合板漆面家具、胶木及拉丝铝等的运用，使其成为美国现代主义风格的杰出典范

Diggers, MGM, 1933）以及由影星弗雷德·阿斯泰尔（Fred Astaire）和琴吉·罗杰斯（Ginger Rogers）主演的电影《礼帽》（*Top Hat*, 1935），都充分利用了反射镜面、绵延的曲线设计及金字塔形的外观。诸如此类的舞台布景均不同程度地对各个层次的室内装饰设计产生了巨大的影响。

在两次世界大战之间，英国的影院的观众人数达到了顶峰。在大萧条期间，大多数的成年人平均一个星期至少去一次电影院。人们借好莱坞电影来消磨漫漫长夜，从电影中获取温暖，逃避现实。好莱坞电影和现代主义共同激发了一代英国建筑－设计师摒弃过去某一特定历史时期所固有的细节元素（如挂镜线、横楣和护墙板等），转而采用镜面、银箔、油漆及金属等反射性材料来突出表现光滑、流畅的外观设计。1930年，澳大利亚建筑师雷蒙德·麦格拉思也在剑桥重新整修了一幢维多利亚式的房子，室内布置全部选用具有反射性的材料，并将它重新命名为"菲内拉"（Finella），以纪念曾经建造玻璃皇宫的苏格兰皇后。菲内拉的入口大厅覆盖着黑色的格栅地板；墙面上的银叶造型表面喷涂着绿漆；天花板上覆盖了绿色玻璃；泛着绿色、镶了镀铬金属边的玻璃包裹着壁柱，并由内而外映射出光线。建筑师巴兹尔·艾奥尼迪斯（Basil Ionides）1929年设计的伦敦萨沃伊剧院（Savoy Theatre,

1929），其观众席也采用了色泽深浅不同的金漆来映衬空间内的银叶装饰。

　　在20世纪20年代，建筑设计师奥利弗·希尔（Oliver Hill, 1887～1968）因其作品带有复古主义风格而受到人们的赞赏，但到了30年代他却转变成一位坚定奉行现代主义风格的设计师。在1933年的伦敦多兰博览会（Dorland Hall Exhibition, 1933）上，他为皮尔金顿兄弟玻璃公司（Pilkington Brothers, 当时主要的玻璃生产商）设计了一间完全由玻璃打造的陈列室，最大限度地展现出材料反射的效果。陈列室的地板由玻璃砖和金色的带镜面反光效果的马赛克组合而成，墙壁装饰采用玻璃镶板，连家具也都用平板玻璃制成。1931年，蒙特·坦普尔女士（Lady Mount Temple）邀请奥利弗·希尔为她的格菲尔别墅（Gayfere House）设计门厅大堂。这

96. 奥利弗·珀西·伯纳德：斯坦德王宫饭店的大堂入口，伦敦，1930年。在这一案例中，照明被作为建筑的元素来运用

97. 新维多利亚电影院，伦敦，特伦特与刘
易斯设计，1929年。贝壳状的侧灯与蓝色和
绿色的装饰，令影院内如同水下宫殿一般

座位于伦敦的别墅，从天花板到地面均由镜面玻璃组成，设计师用光亮的木质地板
和发亮的柱梁结构塑造了整个室内空间。

　　战争时期，照明设计在室内设计的发展中变得十分重要。在1930年诞生了两
件具有标志性意义的作品，都将照明视为建筑元素而加以利用，包括由塞尔杰·切
尔马耶夫设计的伦敦剑桥剧院（Cambridge Theatre）和奥利弗·珀西·伯纳德
（Oliver Percy Bernard, 1881～1939）为伦敦斯坦德王宫饭店（Strand Palace Hotel）
设计的门厅。在剑桥剧院的设计中，切尔马耶夫利用带有几何图案的彩色玻璃屏风
来掩藏光源；而在斯坦德王宫饭店的设计中，伯纳德塑造的柱子和楼梯在视觉上犹
如由一条条光带组合而成。多数著名的影院设计，尤其是一些新型建筑都采用了类

似的照明手法。

　　部分影院的室内设计还是依照并非很严格的古典样式来装修，但大多数影院都还是采用了现代主义的设计风格。由特伦特（Trent）和刘易斯（Lewis）设计的伦敦新维多利亚电影院（New Victoria Cinema, 1929）便是其中的典型。影院的照明设计运用暗藏灯光，戏剧性地表现了扇形的柱子。在1934～1939年，H.W.威登（H. W. Weedon, 1887～1970）承担了奥迪安连锁影院（Odeon Chain, 1934～1939）的主要设计，他运用装饰艺术的格调取得了极佳的效果。特别是针对一些元素的运用，如闪光的表面肌理、埃及或亚述（Assyrian）的纹样、金字塔形态、色彩明亮

98. 流行的装饰艺术：郊外住宅的休息厅，木质家具来自1937年的一所郊外寓所。（由伦敦杰夫瑞博物馆收藏）

的方形或涡卷状几何图形等，都体现出他娴熟的装饰手法。

电力因其价格低廉，得以在室内装饰设计中被广泛应用，这也促使家庭消费品的大众市场的形成。托马斯·沃利斯（Thomas Wallis）、吉伯特＆帕特纳联合公司（Gilbert & Partners），在靠近伦敦的一条主干公路"西部大道"（Western Avenue）上为美国客户投资兴建了大批新型工厂。胡佛工厂（Hoover Factory, 1932）就是其中一座采用现代风格装饰的对称型的古典风格建筑。在厂房的主入口，设置有一个玻璃质地的旭日形图样，它透射着斑斓色彩的同时也象征着无与伦比的能量感和现代感。楼顶的窗户设计大气磅礴，在楼内的董事会会议室里，视线正好可以透过这

99. 保罗·T. 弗兰克尔：客厅，展出于亚伯兰与施特劳斯公司，纽约，1929 年。一个摩天楼式造型的书架，其外部线条仿佛映射了迅猛发展的纽约曼哈顿城区的天际线

扇玻璃窗的上半部分直达外面。工厂的风格样式成为体现公司形象的一个重要因素。与其他地方一样，在英国，厂房的设计若采用现代风格即意味着公司的进步和成功。而在当时，很少有人能理解纯粹的国际风格所秉承的极端现代感和带有民主精神的功能性理念。

至20世纪30年代晚期，英国的装饰艺术和现代风格具备了极强的感染力。1919年至1939年间，英格兰和威尔士建成的分布于郊区的约四百万家庭住宅，绝大多数均为中型的半分离式独立体结构（semi-detached）。应用得最为普遍的是都铎复兴式建筑风格：外露的半木结构，嵌着彩色玻璃的窗格，以及绘制在玻璃上的西班牙帆船图案等。与这些结合在一起的，还有充满朝气的装饰艺术，特别是旭日图形，被反复地刻画在花园大门、玻璃窗，甚至是收音机箱上。此外，三件式家具组合成为中产阶级在起居室设计中的新特征，它包括一张两座或三座的长沙发，外加两张扶手椅，它们有着厚厚的令人感到舒适的坐垫，并覆有皮革、棉绒或者绒料织物等，上面或许还装饰有现代风格的几何图案。设计师还经常选用抛光的瓷器橱柜来陈列展示最好的茶具，例如克拉丽斯·克利夫（Clarice Cliff, 1899 ~ 1972）设计的"番红花"（Crocus）系列，即是一套设计精美的茶具，其丰富的图案元素由一些尖角形、米色以及鲜明的橙色及黑色三角形共同构成。

装饰艺术和现代风格在战争年代对美国的室内设计均产生了深远影响。直到30年代末，美国开始热衷于创造一种尽可能摆脱欧洲模式的风格。在《新维度》（*New Dimensions*, 1928）一书中，一位移居美国的维也纳设计师保罗·T.弗兰克尔（Paul T. Frankl, 1886 ~ 1958）这样宣称："美国渴望创建一种全然不同的崭新艺术，并且已奠定了基础，并已有了突破。"他在摩天楼式家具（Skyscraper Furniture）的设计中宣扬了这种信念。受美国建筑师创造的建筑样式所启发，摩天楼式家具成为一种独立于欧洲样式之外而存在并发展起来的新型家具式样。客观地看来，美国也有必要设立一项针对房间布置的职业，那就是室内装饰设计师。

第 5 章 |

室内装饰职业的兴起

在20世纪之前，室内装饰设计并未以一种职业的形式而存在。传统上，都是由纺织品商、家具木工和零售商等对室内的安排布局做出相应的决策。1915年创建于伦敦的兰尼贡与莫兰特联合公司（Lenygon and Morant, 1915）便是其中的典型。创办人弗朗西斯·兰尼贡的主要身份是一名家具商人，在画商约瑟夫·杜维恩（Joseph Duveen）的帮助下向美国人销售家具。兰尼贡与传统纺织品商莫兰特的合股生意中，装饰工作并不是主要部分。他们将陈列室设在一座帕拉第奥新古典主义风格的建筑内，用来展示从16世纪到18世纪中期的英国古典家具。在当时人们的观念中，"优质"的家具制作已经停滞不前。这一观念致使20世纪的室内装饰者们习惯一味地依循过去的工作方式。因此，在第一次世界大战之前，室内装饰几乎还是一项方式守旧的古老行业。

20世纪期间，变动的社会和经济环境促进了室内装饰行业人数的增长，但雇用一名专业的室内装饰设计师仍然是十分奢侈的，只有上流社会才能消费得起。因此能不能聘请一名专业人员对自己的住宅或工作场所进行设计与雇佣者自身的社会地位息息相关。20世纪早期，美国的百万富翁们钟情于聘用专职的装饰人员来重

100、101. 埃尔茜·德·沃尔夫在其住所"欧文居"的餐厅设计,纽约市,上图为1896年该居所未经翻修前的场景,下图则是1898年改造后的模样

建文艺复兴时期的王宫和法国城堡，以表现自身显赫的权势和财富。到了20世纪的二三十年代，室内装饰这一职业进入全盛时期。相对以往，这时的人们更加沉湎于纸醉金迷。以当时流行的鸡尾酒会为例，酒会主人通常都会聘请装饰人员来设计布置所谓"合适"的环境。人们意识到，翻新一座现有建筑的内部空间所需的花费，显然要低于重建一座新建筑。所以尽管是处于大萧条时期，室内装饰设计仍有需求。

室内装饰设计师通常以顾问的角色而存在，有时甚至以业主知己的身份出现。因这项工作具有磋商咨询的性质，因此它成为为数不多的由女性擅长和主导的职业之一。在"一战"前的那几年，室内装饰工作逐渐成为一项适合于女性的新型职业而兴起。美国女权运动主张女性参政，这种思想激励了妇女们力争摆脱丈夫和父辈的束缚，寻求经济上的自由与独立，而协调与安排房间布置的工作便成为有效的方式之一。20世纪以来这种情况并没有改变。对于室内环境而言，装饰设计师的主要工作是负责选择合适的纺织品、地板、墙面装饰、家具及灯具等，也包括在包含这些元素的房间里进行总体色彩规划。室内装饰设计师几乎很少会对建筑结构进行改动，因为那是属于建筑师的工作范围。

室内装饰从未像建筑设计或者室内设计那样能够在人们心中建立一定的地位，它不过被视为一股短暂的潮流。这点仅从其短暂的生命历程便可以判断，因为鲜有经过若干年之后依然保存完好的室内布置留传下来。早期从事室内装饰的人员多为女性，该职业的随意性也与此相关。维多利亚时代的中产阶级妇女多数都待在家中，照料家人、管理仆佣。而家庭的内部装饰又是一种颇显品位的消遣，可以使妇女获得自身所在环境的支配权。一些如《家常闲谈》（*Home Chat*, 1895 ~ 1968）之类的期刊和各种各样的家用指南都针对家具选择、室内陈设，及怎样运用模板印刷等装饰技术提出了建议。在美国畅销杂志《家居艺术》（*Art in the House*, 1879）中，奥地利工业艺术博物馆的代理主管雅各布·冯·法尔克（Jacob von Falke）这样描绘："站在性别的角度，女性具有与生俱来的审美情趣，她们对于居住环境的存在起着支配作用，如同皇后一般安排着属于自己的世界。"

由于在当时环境下，美国的妇女极少受到来自行为规范的准则制约，所以传统的女性角色逐渐在实践中发展成为专业人员。坎达丝·惠勒（Candace Wheeler, 1827～1923）是一位美国纺织设计师，她在1877年创立纽约装饰艺术协会（New York Society of Decorative Art），针对女性进行专业培训并协助她们为自身的手工艺成品寻求市场。"协会"极大地促进了妇女在专业性执业方面的发展。坎达丝·惠勒评价这个新社团是"一扇面向妇女敞开的大门，鼓励她们通过正确的途径获取成就，虽然这扇门尚需开放得更加宽广，但至少它的存在已奠定了初步基础……赚钱谋生的思想已注入到了女性的意识之中"。1879年，惠勒和蒂凡尼公司（Tiffany &

102. "法式古典外观"，小奥格登·科德曼：为日后成为小说家的伊迪丝·沃顿设计的会客厅，纽约，1903年

Co.）创始人之子路易斯·康福特·蒂凡尼一起成立了 L.C.蒂凡尼联合公司（L. C. Tiffany and Associated Arts），而后 1883 年他独自成立了一所完全由女性掌管的独立公司——"艺术联合"（Associated Artists）。该公司采用一种受英国"艺术与手工艺运动"和"美学运动"启发的风格，对室内布景、墙纸、纺织品和绣品等进行设计，成为全美最成功的装饰公司之一。坎达丝·惠勒在《房间装饰原则与实践》（*Principles of Home Decoration with Practical Examples*, 1903）一书中，与大众分享了自己的成功秘诀。1895 年，她在杂志《外观》（*The Outlook*）上发表题为《女性的专享职业——室内装饰设计师》（*Interior Decoration as a Profession for Women*）一文，宣扬对职业化工作持有的支持态度。惠勒的成功标志着妇女从事这项职业开始受到社会的欢迎与肯定。

　　1879 年，随着《家庭装饰》（*The Decoration of Houses*）的出版，室内装饰的地位变得日渐重要。《家庭装饰》由日后成为小说家的伊迪丝·沃顿（Edith Wharton, 1862 ~ 1937）和建筑师奥格登·科德曼（Ogden Codman）共同主办，该书将文艺复兴以来的英国、意大利和法国的传统形态定位为"与生俱来的高雅品位"，为之后的装饰活动定下基调。书中特别强调了法国 18 世纪的室内布置，因为它激起了装饰设计师和客户们对"法式古典外观"（Old French look）难以割舍的情结与赞赏。相较于 19 世纪晚期盛行的复兴主义运动，家具设计更倾向路易十五、路易十六以及督政时期（Directoire）的简洁风格。如位于纽约市公园大道 884 号的会客厅（Parlour at 884 Park Avenue），由奥格登·科德曼为业主沃顿设计。室内的条纹墙纸朴实无华，督政式家具经过上漆并搭配了衬料装饰，如此设计令房间显得十分清新简洁。沃顿和奥格登·科德曼一致认为，协调的比例是室内设计中最具意义的重要法则。这些汲取自古典建筑的经典法则对装饰设计师们有着经久不衰的影响与吸引力。到 19 世纪晚期，美国政府将古典主义定为象征共和政体最合适的设计风格，认为该风格能使人联想到坚强、隐忍的优良品质与盛世和谐的积极景象。

　　对于古典的室内布置而言，装饰设计师的工艺即便达不到十分精准的要求，至少也已优美地再现了整体环境。由于复古主义与"高雅品位"的概念紧密关联，装饰师必须借助对过去装饰风格的研究，融入高端客户的社会阶层，才能领会"高雅品位"的真正含义。"高雅品位"的定义标准对整个20世纪的室内装饰职业产生了决定性的影响，致使完全现代的室内景观几乎得不到装饰设计者的关注与热情。《美丽家庭》（*The House Beautiful*）杂志中曾刊登过以"雅趣之舍"（The House in Good Taste）为题的系列，其后也相继涌现出大量有关这一课题的书籍，其中比较有代表性的有露西·阿博特·思鲁普（Lucy Abbot Throop）的《品味之家》（*Home in Good Taste*, 1912）、唐纳德·D.麦克米伦（Donald D. MacMillen）的《家居装饰的高雅品位》（*Good Taste in Home Decoration*, 1954），以及英国重要的装饰艺术家戴维·希克斯（David Hicks, 1929 ~ 1998）于1968年撰写的文章——《品位与生活》（*On Living—With Taste*）。

埃尔茜·德·沃尔夫（Elsie de Wolfe, 1865 ~ 1950）是美国室内装饰职业的又一位开拓者。1913年，她撰写了《品位家居》（*The House in Good Taste*）一书，极大地促进了室内装饰作为一门职业而兴起的发展态势。书中指出："家居环境表达的是女主人的个性，男人在家庭中无论感到多么幸福，在我们的世界中他们永远都是客人。"埃尔茜·德·沃尔夫最初的职业是演员，只是她本人的衣着品位似乎比其舞台表现更受关注。她把巴黎设计师帕奎因（Paquin）的最新作品以及"价值之屋"带到了纽约。在其本人的努力之下，她成功进入由当时著名的建筑师范德比尔特（Vanderbilts）引领的纽约上层社交圈。

埃尔茜·德·沃尔夫在室内装饰领域的最早尝试，是为自己设计了住所——欧文居（Irving Place, New York City）。这是她1897 ~ 1898年在纽约时的住所，当时她还有个富有的室友共同居住。这位室友叫伊丽莎白·马伯里（Elisabeth Marbury），是一位戏剧代理商。沃尔夫受到沃顿和奥格登·科德曼的著文启发，将"光线、空气与舒适"带入了暗淡、颇受制约的维多利亚式室内空间。在19世纪的最后二十年里，上层社会对内部装饰普遍采用一种更为严谨的室内装饰风

103. 埃尔茜·德·沃尔夫：花格凉亭，殖民俱乐部，纽约市，始建于1905年。选自《品位家居》，1913年，格架式的"田园风光"来自法国的灵感

格，因为大规模生产以及生活水平的提高，他们可以享用19世纪中期华丽的会客室中的精美陈设。美国的早餐谷类食品业大亨约翰·哈维·凯洛格博士（**Dr John Harvey Kellogg**）曾用其著作掀起一股全民的健康改革热潮，文中犀利地指出，对时尚的过分追求是一种不健康的行为。

　　埃尔茜·德·沃尔夫的设计消除了维多利亚时期的一些风格特征，如摘除枝形吊灯、装饰性的餐盘、油画、洛可可式的镜子和一堆杂乱的东方地毯等，重现了室内布置的新面貌与活力。她在壁炉架上安放了一面朴素的镜子和一尊法国古典胸像；烛台紧靠在简洁的白框镜前，照亮了整个室内空间；地板上铺着简单不带图纹的地毯；房屋的木构件被涂成浅灰色，室内陈设也采用着了色的路易十六时期的椅子样式，颇显优雅。房子的其他部分也采用类似的设计，显得房间相当明亮。这样一间原本可以用维多利亚时期"以不变应万变"的方式布置的普通房间，经埃尔茜·德·沃尔夫的重新整装之后，产生焕然一新的空间格调，令前来拜访的上流人士、文人雅士和艺术家们爱慕不已。

沃尔夫的成就让倡导纽约学院派古典风格（New York Beaux-Arts）的建筑师斯坦福·怀特（Stanford White, 1853 ~ 1906）十分钦佩。1905 年，怀特与沃尔夫签约，交由其负责纽约殖民俱乐部（New York City's Colony Club）的整体内部装饰。这座俱乐部由怀特自己建造，是一个只对女性成员开放的俱乐部，也是第一个由专业的室内设计师而不是建筑师或古董经营商来进行设计的公共室内项目。沃尔夫曾在 19 世纪 80 年代领略过英国庄园十分优美的房间布置，受到启发，她前往英格兰和法国去寻求合适的古典家具和印度风格的印花布样品，并使之成为她个人设计的标志。俱乐部的卧室、私人餐厅和图书室都布置得十分优雅。墙壁呈浅色基调，大部分家具设计得细长而轻巧，此外还有大面积的印花布为房间增添了一份来自英国乡村的田园气息。在茶室，绿色棚架、铺砖地板和柳藤编制家具使人感到并非身在一所位于城市中心的俱乐部内，而是处在自然清新的温室之中。

设计的成功，为沃尔夫赢得了之后的一系列项目，其中最有影响力的项目来自百万富翁亨利·克莱·弗里克（Henry Clay Frick）。弗里克在参观了伦敦的赫特福德别墅（Hertford House）①之后，被里面陈列的来自法国 18 世纪精美的装饰艺术深深吸引。别墅曾经是理查德·华莱士爵士（Sir Richard Wallace）②的宅邸，住宅内收藏的艺术品在华莱士去世后被捐赠给国家。于是弗里克决定在美国也设立一个类似的社会公共机构。经过与古董商爱德华·杜维恩（Edward Duveen）③磋商，弗里克最终委托建筑师卡雷尔（Carrère）和黑斯廷斯（Hastings）在纽约第五大道上设

---

① 现在是华莱士收藏馆（Wallace Collection）。

② 第四代赫特福德侯爵的私生子，著名的艺术收藏家。

③ 主要经营英国画与古董。

计一座文艺复兴风格的宫殿建筑，用来收藏众多法国18世纪时期的艺术藏品。爱德华·杜维恩任命英国的装饰设计家威廉·阿隆（William Allom）负责底层公共区的设计，弗里克则委托埃尔茜·德·沃尔夫负责装饰仅限他和家人使用的上部楼层。沃尔夫的工作经费占总项目开支的十分之一，共计一百多万美金。其中购置的装饰物品大部分来自巴黎，维多利亚·萨克维尔–韦斯特（Victoria Sackville-West）女士的收藏。她从一位终身挚友——鉴赏家约翰·默里·斯科特爵士（Sir John Murray Scott）这里继承了一所堪称法国最重要的古董收藏馆，馆藏均出自华莱士爵士的收藏。弗里克的这一项目让埃尔茜·德·沃尔夫再次名声大振，使她得以继续为大量的美国富有家庭设计室内装饰。

　　埃尔茜·德·沃尔夫的做法为日后的室内装饰设计师们确立了一种工作模式：她环游欧洲，收集古典家具和纺织品，并与一些潜在的客户搭接起广泛的社会联系；她对沃尔顿和奥格登·科德曼的推崇以及对法式古典的喜好形成了一种设计标准。到了20世纪二三十年代，美国和英国涌现出大批从事装饰设计的专业人员，他们如饥似渴地效仿埃尔茜·德·沃尔夫的风格并追随她的成功步伐。1913年，由南茜·麦克莱兰（Nancy McClelland, 1876～1959）为纽约沃纳梅克百货公司（Wanamakers）创建的装饰部，是室内装饰设计在美国确立身份的最初原型。麦克莱兰又在1922年建立起一家装饰公司，专业从事有关历史文化方面的室内装饰设计，为国内客户及相关的博物馆准确地再现过去某一特定历史时期的室内布景。埃利诺·麦克米伦（Eleanor McMillen，生于1890年，从1935年姓布朗）的设计同样秉承古典风格。她在1924年组建的麦克米伦联合公司（McMillen Inc.），可谓是美国最早的专业室内装饰设计公司了。麦克米伦曾经专修过艺术史和商务实践等课程。她宁愿选择低调的工作方式，也不愿意被外界的业余眼光将自己与当时的同行业者相比较。在设计中，为了弱化因古典家具的对称安置而产生的过度平衡感，麦克米伦常采用醒目的黄色来打破惯常视觉。她创建的公司也因其个性化的设计而一直维持到20世纪90年代。在纽约为米莉森特·罗杰斯女士（Ms Millicent Rogers）

104、105

设计的项目中，麦克米伦将古典装饰特色引入室内：地板设计成黑白格子图案；墙上装饰着富有立体感的错视画；大厅里对称放置着古典家具，中间摆放着一个19世纪末风格的欧式沙发，上面还带有缎面衬垫。只是这衬垫看上去显得有些格格不入，或许归咎于美国的富人阶层对本土文化的继承缺乏自信，因而普遍依赖于欧洲模式。

　　鲁比·罗斯·伍德（Ruby Ross Wood, 1880 ～ 1950）是埃尔茜·德·沃尔夫的又一位追随者。她最初的职业是一名新闻工作者，埃尔茜·德·沃尔夫雇用她为《女士家庭日志》（*Ladie's Home Journal*）撰写文章，后来出版的《品位家居》

104、105. 埃利诺·布朗（麦克米伦）为米莉森特·罗杰斯女士设计的门厅和客厅，纽约，20世纪20年代晚期。在墙上悬挂纺织品的处理手法（右图），其灵感来自法兰西的帝国风格，而这一风格又可溯源自古代罗马

一书便是由这些文章构成的。伍德在1914年出版了专著《真情之家》（*The Honest House*），书中展示了她负责装饰设计的长岛绿丘花园（Forest Hills），逐渐确立起其作为一名室内装饰者的职业身份。伍德的灵感并非一味地出自埃尔茜·德·沃尔夫或其他人偏爱的矫揉造作的法式古典风格，而更多地来源于18世纪时的英国及美国殖民地所流行的样式。1876年的费城世纪博览会（Philadelphia Centennial Exhibition）、1893年的芝加哥哥伦比亚博览会（Chicago Columbian Exhibition）以及1924年11月在纽约大都会艺术博物馆的美国侧厅（American Wing）所展示的十六间特定历史时期的房间布置，都进一步推动了这种装饰趋势的发展。

在完成了沃纳梅克商场"第五楼层"（Au Quatrième）的装饰任务之后，伍德于20世纪20年代创建了自己的装饰公司。她为埃米莉·英曼夫人（Mrs Emily Inman）设计的位于佐治亚州亚特兰大的天鹅寓所（Swan House, Atlanta, 1928），既流露出古典器物特有的精美与严谨，也渗透着美国殖民时期家具风格所带来的家庭式亲切感。伍德在餐厅布置中，把图案醒目的方格帘子与源自18世纪的手绘墙纸并置在一起。该房间还带有洛可可式的装饰镜、螺旋形托架小桌和一些茶叶罐等，再现了典型的18世纪殖民时期的室内风格。另一位装饰设计者弗朗西丝·埃尔金斯（Frances Elkins, 1888 ~ 1953），是古典装饰风格设计师戴维·阿德勒（David Adler）的姐姐。她在美式传统风格中融入了法国和英国的古董艺术。埃尔金斯在自己位于加利福尼亚蒙特里的砖墙住宅阿姆斯蒂（Casa Amesti, 1918）中，成功地将欧洲古董与西班牙殖民时期的传统元素融于一体，如粗糙的抹灰泥技术、裸露地板和天花板等。这所住宅的设计赢得了普遍赞赏，从此，她的装饰方式流行于整个芝加哥和加利福尼亚地区的家庭中。

在英国，女性在室内装饰职业的发展中也发挥了同样重要的作用。贝蒂·乔尔（Betty Joel, 1896 ~ 1985）在"一战"以后建立起自己的家具生产和室内装饰企业，日后还在伦敦的骑士桥开设了一间展览厅，展出了十二种房间布置形式。她的大胆设计受到装饰艺术风格的启发，如作品中的金字塔形书橱和曲形沙发。如同

106. 贝蒂·乔尔：其设计的躺椅和带图案的地毯均为典型的现代主义风格，标新立异。图中场景来自德里克·帕特莫尔《现代家居的色彩设计》一书，伦敦，1933年

位于萨福克的埃尔夫登大堂（Elveden Hall, Suffolk）所呈现的银白色卧室一样，乔尔设计的室内布置散发着来自装饰艺术风格的几何语言，并融合了现代主义风格中富有魅力的光滑特征。她的公司广泛承接商店、旅馆、公司会议室等各个领域的商业性装饰业务。有所不同的是，另两位女性设计者赛尔·莫恩（Syrie Maughan, 1879～1955）和西比尔·科尔法克斯（Sybil Colefax, 1875～1950）则主要承接私人项目，她们同样对英国室内装饰职业的确立起到了促进作用。

　　赛尔·莫恩是医药公司创始人亨利·韦尔科姆（Henry Wellcome）的前妻，而后成为小说家萨默塞特·莫恩（Somerset Maughan）的妻子。在结束她的第二次婚姻之后，莫恩供职于伦敦F&M百货公司（Fortnum & Mason）古董部长埃内斯特·桑顿·史密斯（Ernest Thornton Smith）旗下，她学到了基本的贸易知识，后来成为伦敦最时尚的室内装饰家。

　　与埃尔茜·德·沃尔夫一样，赛尔·莫恩也曾到访印度；同样也选择将18世纪的法国家具与现代风格的元素和明亮的色彩相融合，创造出一种优雅的室内

107、1

布景。她创立的"pickling"时尚家具，即是在古董桌椅外部涂上明亮的漆和蜡，以消除原先的暗淡光泽。她在1929 ~ 1930年前后，设计了一件颇具影响力的作品——"白色天地"（All White），也是她位于伦敦的住所。房内的装饰设计很好地印证了她的独特风格，例如在餐厅中使用了条状的松木嵌板和一块带条纹的象牙色台布。莫恩在另一处由马里昂·多恩（Marion Dorn）委托的客厅设计中，全部采用白色或米色基调，包括内部的家具垫衬、帘子，甚至是一块带有抽象图案的地毯等，三张路易十五时期的椅子也被漆成灰白色，一扇以镀铬镜面为基材的屏风是用现代主义的手法加以润饰的。莫恩也为她的客户营造白色全景房间，如她为

107、108. 左图，赛尔·莫恩："白色天地"的客厅，此处为莫恩的居所，伦敦，约1929 ~ 1930年。这也是协会设计师最著名的项目。覆盖着米色丝绸的低矮沙发、矮桌、屏风等陈设，尤其是"白中之白"的装饰手法都表现出强烈的感染力。右图，莫恩的韦尔斯福德庄园室内设计，靠近威尔特郡埃姆斯伯里，20世纪30年代中期。这是为艺术家、诗人及美学家斯蒂芬·坦南特阁下设计的乡村别墅

托宾·克拉克夫人（Mrs Tobin Clark）装饰的一个卧室。这是克拉克夫人位于加州圣马特奥的住所（San Mateo, 1930），由戴维·阿德勒（David Adler）设计。此外，她的项目客户还包括诺埃尔·科沃德（Noël Coward）、沃利斯·辛普森夫人（Mrs Wallis Simpson）和威尔士亲王（Prince of Wales）等名流。

　　莫恩将巴黎现代风格（Parisian Moderne）与古老式样融合在一起，通过这种独特的手法来装饰室内空间。另一位与之相媲美的装饰设计师是西比尔·科尔法克斯女士，她设计的室内布置极具英国风格。科尔法克斯的创作灵感多来源于英国庄园中常用的印花布和厚实的家具。自1933年华尔街金融危机之后，丧失了经济来源的科尔法克斯经历了她的人生转折，从原先享受生活的居家女主人转变为一名专业的装饰设计师。1938年，她与约翰·福勒（John Fowler, 1906～1977）共事并成为搭档。福勒是18世纪装饰研究方面的专家，擅长为室内空间设计具有特定历史时期氛围的装饰，他本人也是在这方面最具有影响力的人物之一。

　　在20世纪30年代的英国，家居装饰盛行从历史中汲取灵感。学者们对历史名胜建筑的研究，使人们更加强烈地认识到英国传统文化遗产的价值，诸如《乡村生活》（Country Life, 1897年创办）之类的杂志和名胜古迹托管协会（National Trust）等机构组织，都极大地激发了公众对历史的兴趣。许多委托室内装饰师的客户，他们本人都曾居住在一些著名的历史建筑里，并希望建筑内部的原有装饰能得以维持甚至还原。约翰·福勒以他的专业手法，在帘子、彩绘、修饰、地板覆盖物和家具设施等方面给出意见，满足了客户们对室内空间的特殊要求。在战后岁月，约翰·福勒负责对英国大量具有重要意义的室内空间进行修复，其中包括威廉·肯特设计的"伯克利广场44号"（44 Berkeley Square），即现在的克莱蒙特俱乐部（Clermont Club）；由亚当设计的位于米德尔塞克斯（Middlesex, 英国英格兰原郡名）的西翁宫（Syon House）；还有詹姆斯·怀亚特（James Wyatts）设计的位于威尔特郡的威尔顿别墅内（Cloisters at Wilton House）的修道院。这些修复项目以及福勒对名胜古迹托管协会名下的建筑所进行的修复工作，都须尽量吻合历史原

109. 雷克斯·惠斯特："绘画厅"，肯特郡林尼港口，1930 ~ 1932 年。以错视画绘制成逼真的条纹织物形态，配以诙谐有趣的真实流苏做装饰。家具则主要由该住宅的建筑师菲利普·蒂登（Philip Tiden）设计

110. 埃米里奥·特里与查里斯·德·贝斯特吉：贝斯特吉公寓的屋顶阳台，巴黎，1930 年

貌。不过，福勒装修的一些小型室内项目却渗透着他的个人特征。例如，为哈丁顿伯爵夫人（Countess of Haddington）设计的起居室便显得十分独特。这是伯爵夫人位于苏格兰洛锡安区（Lothian）的住所，坐落于泰宁哈默（Tyninghame）教区内。房内装饰用了材料昂贵的帷幕、印花布、厚重的流苏、金字塔形的书橱及枝形吊灯等。在约翰·福勒的整个职业生涯中，诸如此类的房间装饰都被刊登在英国及一些国外期刊里，并对 20 世纪 30 年代以来英国庄园式室内设计的流行起到显著的推动作用。英国壁画家雷克斯·惠斯特（Rex Whister, 1905 ～ 1949）在两次世界大战期间，曾在许多英式庄园里工作，他在伦敦泰德画廊饭店（Tate Gallery Restaurant）工作时创作的壁画作品《寻求罕见的肉类》（*The Pursuit of Rare Meats*, 1924 ～ 1925），再现了 18 世纪的场景，令当时的整个英国社会大为着迷。他为安格尔西阁下的纽伊斯宅邸（Plas Newydd, 1936 ～ 1938）绘制的餐厅天花板和墙端均采用了错视画法，并在面朝窗户的狭长墙面上绘制了一幅浪漫的古典海港景观。

当这些英国装饰设计师正满怀激情地专注于再现昔日场景时，英国、法国和美国的其他一些装饰设计师则试图发掘新的灵感，如运用超现实主义（Surrealism）手法来创造富有情趣的房间。1924 年，巴黎出版了《超现实主义宣言》（*Manifesto du Surréalisme*），揭开了超现实主义运动的序幕。超现实主义画家勒内·马格里特（Rene Magritte）和萨尔瓦多·达利（Salvador Dali, 1904 ～ 1989）试图在他们的画作中阐释隐藏在人类潜意识中令人恐惧的内心世界。作品往往借助在同一幅画框内并置的、不和谐的元素，却以出人意料的视觉效果而令观者大为震惊，动摇人们的希望。超现实主义最初活跃在巴黎，因为巴黎是它的孕育之地。来自墨西哥的百万富翁收藏家查里斯·德·贝斯特吉（Charles de Beistigui）于 1931 年接手了当地一座由勒·柯布西耶设计的公寓建筑，之后对其进行内部装修。出于对超现实主义的浓厚兴趣，他与建筑装饰家埃米里奥·特里（Emilio Terry）合作时，刻意在房内布置了尺度失衡的家具，以此塑造出梦幻而离奇的空间氛围。

当时的电影放映室（Cinema Room）开始流行金银交织、装饰华丽的椅子。这种第二帝国时代（Second Empire）所流行的风格超过勒·柯布西耶设计的线条简洁的螺旋形楼梯，更加受欢迎。在屋顶平台上，经过人工处理的草地呈地毯状，成为巴洛克式花园的"家具元素"。蓝色墙体和一面搁置在壁炉架上方的镜子都透射出来自巴黎香榭丽舍大道（Champs Elysées）的格调与风情。

　　到了30年代，法国顶级的室内装饰家让－米歇尔·弗兰克（Jean-Michel Frank 1895～1941）也受到超现实主义的影响。此人的装饰设计以极其简洁却不失优雅奢华而著称，他曾在装饰艺术风格中强调对装饰品质的把握和对珍稀材料的选用。这一观点和做法影响并激励了包括埃尔茜·德·沃尔夫、赛尔·莫恩、弗朗西丝·埃尔金斯和埃利诺·布朗等一批美国主要的装饰设计师。其中，弗兰克为罗兰男爵（Baron Roland de l'Espée）设计的"影院舞厅"（Cinema Ballroom, 1936）堪称严重背离原有风格的设计作品，其色彩方案十分大胆：地毯采用鲜亮的大红色，墙壁四面则分别粉刷成粉红色、淡蓝色、海洋绿和黄色；颇具超现实主义风格的座椅——梅·维斯特唇形沙发（Mae West Lips, Sofa）紧靠在挂有紫色天鹅绒的戏院包厢两侧。该唇形沙发由达利以他的绘画作品《梅·维斯特》（*Mae West*, 1934，芝

111. 让－米歇尔·弗兰克：为罗兰男爵设计的"影院舞厅"，巴黎，1936年。内有萨尔瓦多·达利设计的梅·维斯特唇形沙发

112. 保罗·纳什：为蒂莉·络施设计的玻璃浴室，伦敦，1932年。一个出自画家之手的时尚空间，装饰着大面积光洁又带有波点状肌理效果的镜面玻璃

113. 多萝西·德雷珀：奎坦丁赫酒店客房，彼得罗波利斯，巴西里约热内卢附近，1946年。曲线和超大体量的烛台显然出自巴洛克风格和超现实主义

加哥艺术学院）为基础元素而设计。在画作中，影星梅·维斯特的嘴唇被描绘成沙发状，鼻子犹如壁炉，眼睛则像是上了框架的油画。杰出的超现实主义艺术收藏家爱德华·詹姆斯（Edward James）为这幅画定制了一个由深色和浅粉色毛毡制成的英国版本，安置在奇切斯特（Chichester）附近的芒克顿庄园（Monkton）里，于是这样一个由他负责装饰的庄园，成为一所超现实主义的纪念馆。馆内充斥着一系列怪诞的装饰布置，如用绗缝纹样的手法来装饰墙面，用经过特殊编织的毯子来铺陈楼梯，毯子图案则是模拟詹姆斯的宠物狗爪印。

　　爱德华·詹姆斯还邀请画家保罗·纳什（Paul Nash）在其位于伦敦的居所，为其妻子，维也纳舞蹈家蒂莉·络施（Tilly Losch）设计了一间浴室。与许多萧条年代的艺术家一样，纳什以从事设计工作来维持生计。他在自己的著述《房间与

114. 罗斯·卡明：装饰设计师自己的公寓卧室，纽约，1946年。这例明快宏大的设计带有迷人的灰色基调，融合着精致的东方风格和富有想象力的元素

书》（*Room and Book*）里满怀激情地探讨了有关设计的课题。书中他强烈反对英国所崇尚的历史复兴，指出："该是清醒的时候了，我们应专注于我们的时代，如同现代的意大利人无法接受他的国家仅仅被认为是个博物馆而在其他方面则一无是处的说法，因此当美国人认为我们的国家只不过是一座'古老世界的山庄'时，我们应感到羞愧。"在设计蒂莉·络施的浴室时，保罗·纳什采用现代的反射材料，把室内装饰得十分时髦、雅致：墙壁点缀着镀有合金的玻璃，在略带桃红色的镜面衬托下，反射出紫色的光泽；浴室的设施全部选用黑色，地板覆盖着粉红色橡胶垫，墙上的荧光灯设计成两个半月形状；安装电热炉成为该时期现代风格的室内布置中非常标新立异的一大特色。月亮是纳什在绘画中反复使用的主题元素。镀铬金属扶手的设计灵感源自他为《黑暗中的哭泣》（*Dark Sweeping*）一书设计的极为抽象的

封面图案。

　　美国的室内装饰师同样受到超现实主义运动的影响。多萝西·德雷珀（Dorothy Draper, 1889～1969）在对待内外空间的掌控上采用颇为戏剧化的比例和尺度，均反映出超现实主义运动对其影响之深。在加利福尼亚南部的箭春宾馆内（Arrowhead Springs Hotel, 1935），德雷珀设置了规模超大的家具，并选用新巴洛克风格的白色灰泥装饰来塑造内部空间；而在位于纽约中央公园南部的汉普郡王室宾馆（Hampshire House Hotel, 1937），她设计的户外活动室，搭配了一些花园物件和乔治王朝式样的建筑外观，全然颠覆了参观者的正常思维。同样标新立异的还有外形美艳的罗斯·卡明（Rose Cumming, 1887～1968），她漠视麦克莱兰和麦克米伦等女性推崇的法式古典品位，从超现实主义和好莱坞电影中汲取灵感，把生丝、锦缎、金属质地的墙纸和镀银家具等不同元素交织在一起，创造出一个奇幻的内部空间。

　　卡明与埃尔茜·德·沃尔夫、鲁比·罗斯·伍德和多萝西·德雷珀等同处于一个年代，这些女性虽然未曾受过专业培训，却开辟了室内装饰这一职业，并营造出一股艺术爱好者的特有氛围。到20世纪30年代，室内装饰职业已逐渐趋于正规化。1931年，美国室内装饰者协会（即现在的美国室内装饰设计师协会）成立；一些商业杂志纷纷在美国创办，包括创办于1929年的《家居陈设》（*Home Furnishing*）和创办于1932年的《装饰家摘要》（*The Decorators' Digest*, 该杂志在50年代更名为《室内装饰设计》）。从30年代开始，踏入这项职业领域的新一代装饰师都经过比较正规的专业训练，也具备了更加商业化的态度，例如特伦斯·哈罗德·罗布斯约翰–吉宾斯（Terence Harold Robsjohn-Gibbings, 1909～1973）就曾受过建筑学的培训。他被古董商查里斯·杜维恩（即画商约瑟芬·杜维恩的兄弟）带到美国，并于1936年在纽约麦迪逊大街开设自己的事务所，开始了实际项目工作。他的设计源于古希腊与现代风格。古希腊风格的克里斯姆斯靠椅（Klismos）和铺着马赛克地砖的陈列室都彰显出他对于古代与现代艺术之间的折中认识。随后他为来自加州的珠宝商保罗·弗拉托工作，在这期间他设计的室内及家具都带有瑞典现代主义风格的痕迹。因为瑞典现代主义风格偏爱使用奢侈的金木（Blond Woods）和其他天然的材料，因而被当时的装饰界所接受，而国际现代主义则不然。此外，威廉·帕尔曼（William Pahlmann，生于1900年）也曾于纽约应用艺术学校（New York School of Fine and Applied Arts）接受培训，从1936年开始为纽约洛德–泰勒时装公司设计橱窗。他的设计促进了多元化风格的发展（包括现代风格），此外他还为电影《飘》设计了巴洛克式的舞台布景。

　　由于"二战"后人员短缺，室内装饰师的社会地位并无提升，但是很快又因为室内装饰设计师这一新职业的出现而得到新的发展。如今，要从事这个职业的新人通常都要接受培训，而且鲜有个别能凭借"与生俱来的品位天赋"来从事工作的，更多的设计者依靠的是学历教育。专业设计师越来越多地从事非家庭项目，而涉足商业领域，他们已逐渐认识到优秀的室内装饰设计所蕴含的重要价值与存在意义。

　　在这样的大背景下，戴维·姆利纳尔（David Mlinaric，生于1939年）于1969年代替继任英国名胜古迹托管协会的首席顾问。戴维·姆利纳尔并非追求福勒日益没落的朴素优雅的装饰风格，而是要运用新型涂金材料和纺织品来重新打造能再现特定历史时期氛围的室内布置。戴维·姆利纳尔的一些私人项目展现了他对待来自不同时期的古典器物所惯用的一种折中主义手法。在战后的装饰领域，另一位值得一提的设计师是新人麦克尔·英奇博尔德（Michael Inchbald，生于1920年），他同样对设计需要表现历史真相的理念表示漠视。他在室内布置中汲取各种过去的风格加以混搭，例如其作品之一"伊丽莎白二号"邮轮（Queen Elizabeth 2）的室内设计就极为奢华。他甚至把自己在伦敦的家布置得有些怪异，不过那里已经成为一座重要的古典家具和艺术品收藏馆。在所有的英国室内装饰家和设计师里，最著名的恐怕要属戴维·希克斯，他推崇麦克尔·英奇博尔德的设计，面对古典与现代设计的融合，同样显现出娴熟的技能与掌控力。

115—1

　　戴维·希克斯从1954年开始了他的职业生涯，当时的《房屋与花园》（*House*

115. 戴维·希克斯：客厅，1954年，伊顿广场，伦敦。这一用色大胆而又强烈的室内项目开启了希克斯的职业生涯

116. 一处介于浴室与更衣室之间的巧妙分隔设计，20世纪60年代晚期。值得注意的是铺在地上的几何图案的地毯

and Garden）一书中登载了他母亲位于伦敦寓所的内部装饰。在藏书室里，强烈的鲜红色、黑色和天蓝色等色彩交相辉映，室内装饰注重突出鲜明的轮廓，设计强调桌面的精心摆设，亦被戏称为"桌面风光"（Tablescapes），这些后来都成为希克斯的作品特征。在与汤姆·帕尔（Tom Parr）合作创办科尔法克斯与福勒（Colefax & Fowler）设计公司四年之后，他于1959年创建了自己的企业——戴维·希克斯有限公司（David Hicks Ltd）。在60年代，当英国的流行族群、时尚设计师、摄影师和模特占领整个国际舞台时，戴维·希克斯曾一度推动了英国文化的复兴。1965年他的照片被刊登在大卫·贝利（David Bailey）①的作品《大卫·贝利的海报箱》（*David Bailey's Box of Pin-Ups*）上，一跃成为伦敦年轻的时尚先锋之一。

　　20世纪60年代晚期，在希克斯的又一代表作，即他为妻子设计的浴室（位于其在法国南部的住宅）内，白色的家具、装有气窗的百叶窗和色泽鲜明的黑白图案地毯等，都展现出他典型的风格特征。特别是"洗澡时装上帘子"的构想就巧妙地把浴室和更衣室分隔开来。到了80年代，希克斯为他自己在葡萄牙的别墅设计装饰时②（Palladian Revival），可谓是一人同时扮演了建筑师、设计师和装饰师三重角色。

　　希克斯的作品，特别是他擅长运用的带有醒目几何元素的地毯和纺织品，在美国也产生了深远的影响。美国战后主要的室内装饰家比利·鲍德温（Billy Baldwin，1903～1984）曾这样评论希克斯："他设计的带有小图案和条纹的地毯，对全世界的地板元素设计都是一种革新。"鲍德温本人也擅于把古玩以一种恰当的方式融入到现代风格的室内空间中：法式古典与殖民复兴风格在美国装饰师中仍然十分流行。鲍德温是在1935年为鲁比·罗斯·伍德工作时开始室内装饰这项事业的，并于1938年与伍德合作为牙买加蒙特哥贝湾（Montego Bay）的一个寓所设计了超现

....

① 时装史上第一位"名流摄影师"。——译注
② 这是一座古典主义复兴式风格的别墅。

实主义风格的室内空间。在1950年伍德去世之后，鲍德温于1952年与设计师爱德华·马丁（Edward Martin）开始合作。从他的处理方式——将古董设置在朴实无华的白墙、地板和蒲席构成的简朴环境之中，不难看出鲍德温或多或少还是受到了伍德的影响。20世纪50年代期间，他受到亨利·马蒂斯充满绚烂色彩的绘画作品的启发，于是将具有异域色彩的舶来纺织印染品与各种生动的色彩相混合，引用到室内装饰中。到了60年代，他已成为美国最受欢迎的装饰家，并为一些知名人

117. 比利·鲍德温：普拉西多·阿朗戈公寓的餐厅设计，马德里。新旧风格的相互交融成为该处的主要特色，例如墙上挂有西班牙画家埃尔·格雷科的绘画原作，椅子则是路易十六时期的风格；而淡黄色的壁面和纯白色窗帘，与地面的几何图形地毯相得益彰

士如保罗·梅隆（Paul Mellons）和美国《时尚》（*Vogue*）杂志的编辑、时尚界最具权威的黛安娜·弗里兰女士（Diana Vreeland）等人装饰住所。他在回忆录《比利·鲍德温自传》（*Billy Baldwin, An Autobiography*, 1985）中坦陈，他的成功要感谢当年开拓装饰职业的那些女性前辈，特别是鲁比·罗斯·伍德。

　　还有一位装饰设计师迈克尔·泰勒（Michael Taylor, 1927～1986），他从 1957年开始通过在旧金山的一些项目中逐渐崭露头角。迈克尔的设计颇受赛尔·莫恩的影响，并在弗朗西丝·埃尔金斯逝世后，从她那里获得了大部分遗产，其中包括从赛尔·莫恩那买来的设计作品。阿尔贝特·哈德利（Albert Hadley, 生于 1920年）则是埃利诺·布朗的崇拜者之一，在 1956年以装饰设计师的身份加入了麦克米伦公司。50年代末，他在自己的公寓装饰中采用了埃尔茜·德·沃尔夫设计的灯具。1962年，哈德利与另一位早期的女性装饰家亨利·帕里什二世（Henry Parish II）合作。帕里什当时正为肯尼迪总统和夫人进行华盛顿白宫的装修工作。经整修后焕然一新的室内布置由内而外地呼应了这座源自 18世纪的古典建筑，并突显出肯尼迪夫人对于高雅文化的浓厚兴趣。到 20世纪 70年代，帕里什 – 哈德利联合公司（Parish–Hadley）完成了许多复原历史风貌的室内装饰工作。这些开创了室内装饰职业的女性，以她们的实践探索与成功作品为战后的室内装饰师们奉献着源源不断的灵感。

第 6 章 |

战后现代主义

第二次世界大战期间及战后的岁月里，美国孕育并发展了现代主义潮流。在室内设计的历史上，美国首次超越欧洲占据了主导地位。当时，特别是战后初期，民主思潮广泛宣扬的希望与信念，使设计界的各个领域都采纳了现代主义，其主张平等，体现活力，更突显技术专业化。

战后移居美国工作的第一代现代主义的领军人物之中，密斯·凡·德罗是重要的一位。他于1938年离开德国，受聘于阿穆尔技术学院（Amour Institute of Technology, 现在伊利诺伊州），担任建筑学教授。他为学院设计了一座全新的校园，整体空间以裸露的钢架搭配砖石与玻璃为主体，简明扼要的设计方式令整个校园耳目一新。他也将同样的设计原理应用于一些住宅项目，如1950年为伊迪斯·法恩斯沃思博士设计的位于芝加哥附近的住宅（Farnsworth House Plano）。在该项目中，室内的矩形台阶缓缓地将人们带入一个单层的矩形起居空间，事实上整个空间仅一层。这里没有传统意义上的封闭式房间，不同的功能区域由一些不触顶的储物柜以隔断形式分隔。整座住宅简洁的钢结构用平板玻璃和金属屏幕覆盖，创造出一种内外互动并融于自然的开放感，令无数的战后室内设计师纷纷效仿。

从密斯设计的纽约西格拉姆公司大楼（Seagram Building）中，我们不难觉察出，现代主义正逐渐成为能恰当体现大型跨国集团企业形象的首选风格。美国的一些大型公司，如庞大的建筑实业公司斯基德莫尔（Skidmore）、奥因斯（Owings）和梅里尔（Merrill）等，在全世界范围都设有办公机构，并拥有大批专业的制图人员来设计现代摩天大楼。SOM设计事务所的戈登·邦沙夫特（Gordon Bunshaft,1909～1990）为利弗兄弟公司（Lever Brother）设计的利弗大楼（Lever House,1950～1952），位于纽约高楼林立的大厦街区。桩柱上方是一个夹层，幕墙则耸立

118. 为便于"工作站"的组合移动与排列分区而创造的开放式设计：由SOM的设计师戈登·邦沙夫特设计。经与诺尔设计机构商讨之后，为康涅狄格人寿保险总公司设计的办公空间，位于康涅狄格州布卢姆菲尔德，1957年

119. "现代主义"商业空间的完美典范：来自SOM的设计师沃德·贝内特和戴维斯·阿伦，为戴维·洛克菲勒设计的办公室，大通曼哈顿银行，1958～1961年。贝内特通过募集艺术品的方式来布置陈设并负责家具设计

于夹层之上。设计中的许多技术改革成为战后室内设计的典型特征，并开始广泛运用到室内装饰中。如将空调系统和电缆悬挂安置在每个楼层的天花隔板内，比起隐藏在地板下或灰泥后面，这种方式显然更加便于维修。在开放的室内办公空间里，成排的桌子与小型隔断设置取代了原先的走廊和小型办公室。

奎克伯恩·提姆（Quickborner Team）[①]——一位来自德国的管理顾问，在20世纪50年代提出了这种开放型办公的理念。他用包裹着织物的隔断、桌子、收纳橱柜和植物等分隔大面积的地面空间，布局设计不严格界定工作等级制度，而是围绕着交通流量进行考虑。尽管到70年代时，外界开始质疑这种纯粹强调功能性而刻板的办公环境，认为对员工的工作环境进行严厉监管是不合理的，但这种模式还是在全世界范围内被采用了。

由SOM设计的美国联合碳化物公司纽约总部（Union Carbide Headquarters, 1959）是一项具有世界影响力的项目。这座多层摩天大厦被设计成由相互协调的几

---

① 也是一种开放式办公系统。——译注

部分组成的系统，建筑表面由不锈钢结构与玻璃幕墙构筑而成，看似低调却造价极高；室内的隔板、收纳橱柜以及天花板上的格栅与窗户的竖框都采用矩形形状，彼此呼应；配备了空调设备和顶部采光，工作环境完全在控制之中；公司内部的等级制度主要通过座位的设置体现出来，管理阶层往往占用顶部楼层及靠窗的位置，不过等级差异也体现在工作区的大小和私密度上。值得一提的是，这是当时第一座采用完全铺设地毯消除噪音的办公大楼。

这些设计革新标志着室内设计以所谓的固定的装饰形制而迅速崛起，也就是说，设计更加倾向于商业性而非住宅用途。SOM确立了他们在这个世界性市场中的领导地位，在20世纪60年代早期为百事可乐公司（Pepsi Cola）和曼哈顿银行（Chase Manhattan Bank）设计多层办公大厦。在戴维斯·阿伦（Davis Allen, 1916 ~ 1999）的指导下，室内设计风格始终保持着传统的现代风范，也就是密斯·凡·德罗惯用的较为朴素的典型风格。

在加入SOM之前，戴维斯·阿伦曾在诺尔设计机构（Knoll Planning Unit）工作。在弗洛伦斯·诺尔（Flornce Knoll, 生于1917年）的管理下，这个事务所逐渐成为美国专业从事商业室内装饰设计的主要事务所之一。与SOM一样，其风格象征着美国资本主义，CBS、亨氏食品公司（H. J. Heinz）和考尔斯杂志（Cowles Magazines）等大型企业设计也主要受到密斯·凡·德罗简洁纯净、造价昂贵但却富有魅力的风格的启发。

在家居设计领域，纽约现代艺术博物馆从1931年创办开始，就对大众开展现代设计教育。1953年出版的《何为现代室内设计？》（*What Is Modern Interior Design?*）一书，内容正是源自1947年举办的展览——近五十年间的现代室内空间（Modern Rooms of the Last Fifty Years）。博物馆馆长埃德加·考夫曼（Edgar Kauffman, 1910 ~ 1989）沿着威廉·莫里斯的足迹探寻至包豪斯，再到最后的弗兰克·劳埃德·赖特，追溯着现代室内设计的发展与变化历程。在此次展览中，建筑师们展出的所有项目作品，均为私人住宅或为陈列展示的设计。

11

120. 典型的战后现代主义，菲利普·约翰逊：客厅，玻璃屋，康涅狄格州新迦南，1949年。玻璃、裸露的砖面与混凝土，这种环境元素令房内居中铺置的地毯犹如漂浮海面的小岛，值得注意的是巴塞罗那椅凳

121. 亚历山大·吉拉德：客厅，里维斯切尔别墅，格罗斯·波因特农场，密歇根，1952年，一个集结了国际现代主义风格元素的典型案例

122. 哈韦尔·汉米尔顿·哈里斯：哈文斯住宅，加利福尼亚州伯克利，1941年。"海湾地区"风格，采用了木质镶板和受阿尔托风格影响的椅子

菲利普·约翰逊（Philip Johnson, 1906～2005），密斯众多追随者中最重要的一位，1932年在现代艺术博物馆举办的展览中成功地将国际风格引入美国。约翰逊设计了自己的住宅——新迦南（New Canaan, 1949），这座被称为"玻璃屋"的房子，如同一个被四面玻璃幕墙包围的立方体，由内而外地形成了一个统一的整体。

亚历山大·吉拉德（Alexander Girard, 1907～1993）是潜心研究现代室内设计的新一代战后建筑师之一。他曾先后在巴黎、佛罗伦萨、罗马、伦敦和纽约接受建筑学培训，之后在底特律开设了自己的设计事务所，为福特汽车公司（Ford Motor Company, 1943）、林肯汽车公司（Lincoln Motors, 1946）等大型企业提供设计。从 1953 年起，吉拉德开始作为织物设计师供职于赫尔曼·米勒公司（Herman Miller）。他的家居室内装饰设计作品成为美国战后现代主义运动的典型，如位于密歇根州格罗斯·波因特农场（Grosse Pointe Farms, 1952）的里维斯切尔别墅（Rieveschel house, 1952），他为自己设计的住所（1948）也同样位于该地。他在设计中都融入了嵌入式家具、屏风隔断以及连接房间的柯布西耶坡道（Corbusian ramp）等，甚至对于铺在地上的毛皮地毯、室内植物等都引入了自然元素，并尽可能在室内采用自然光。这种崇尚自然用光、注重空间宽敞、强调自然形态的设计手法，也是建筑设计师威廉·莱斯卡兹（William Lescaze, 1896 ~ 1969）所追求的特色。威廉·莱斯卡兹在战前从瑞士迁居到美国，并将欧洲的现代主义带到了美国。以纽约诺曼寓所（Norman House, 1941）的起居室为例，房内铺设的地毯、织物、落地门窗、植物造景和阿尔瓦尔·阿尔托设计的椅子等，外观都显得极为朴素。这些都能反映出斯堪的纳维亚现代风格（Scandinavian Modern）所带来的持久的影响力。

　　另一位美国现代风格的室内设计师拉塞尔·赖特（Russel Wright, 1904 ~ 1976）是当时为数不多的未曾受过建筑培训的美国设计师之一。拉塞尔原先从事纯艺术工作，在 20 年代晚期，他的工作从剧院舞台设计转为工业设计，这时他开始设计陶瓷餐具，其作品包括 1937 年设计的颇具影响力的"现代美国"（American Modern, 1937），这套餐具被选为现代艺术博物馆首次举办的优秀设计展（Good Design, 1949）展品，直到 1959 年时依然在生产。拉塞尔·赖特尝试使用新的材料，诸如铝纤维、密胺、聚乙烯塑料和金属等，并将这些材料运用到一些功能性产品设计上，例如暗藏于写字桌和杂志架的椅子、耐热餐具（oven-to-table ware）等。尽管他对新材料具有极高的兴趣，他设计的室内空间明显带有室内外统一的现代主义特征，这点从他自己的寓所设计中就不难发现。拉塞尔·赖特的住所位于纽约市，是一座双层公寓，铺设在户外花园里的地板一直延伸到起居室，充分体现出一个连贯统一的整体。

123、124. 勒·柯布西耶:（左图）双层挑空客厅，马赛公寓，1952年;（右图）雅乌尔别墅，讷伊，1956年。在室内设计中引入了曲线元素、裸露砖石与混凝土的手法

在美国加利福尼亚，宜人的气候很适合将室内和户外结合成一体的设计。乔治·霍姆（George Home）、哈韦尔·汉米尔顿·哈里斯（Harwell Hamilton Harris）和理查德·诺伊特拉（Richard Neutra）等设计师擅长利用大幅玻璃，在视觉上将起居空间与露台融为一体。在哈里斯设计的哈文斯住宅（Havens House）内，具有装饰的木质镶板[①]、用灯芯草制成的草席、落地窗、嵌入式家具和阿尔托椅等，都反映出加州室内设计注重休闲、强调内外视觉融合的设计特色。

国际主义风格（International Style）的第三位重要人物勒·柯布西耶（另两位分别是密斯和格罗皮乌斯），也促进了现代主义室内设计的主流风格在欧洲的发展。战后，勒·柯布西耶留在了法国，但是他设计的项目甚至远及印度旁遮普（Punjab, 印度北部城市）和昌迪加尔（Chandigarh, 印度北部城市）等地，他的设

1.

123、1

---

① 这是美国东海岸室内设计的一个共同特征，因为当地的木材十分廉价。

计风格一直传播到包括这些新兴城邦在内的首府。在法国，柯布西耶设计了著名的大型居住项目马赛公寓（Unité d'Habitation at Marseilles, 1952），由此实现了把房屋设计成自给自足、具有多层结构的社区概念：公共设施设置在屋顶平台，一层则为商店。他设计的每一户公寓都包含了双层起居室并自带阳台。勒·柯布西耶对于家居设计也具有极大的影响，将裸露的砖石与混凝土等材料运用在室内空间，这种手法也显著地体现在其另一件设计作品中——位于塞纳河畔讷伊区的雅乌尔别墅（Maisons Jaoul at Neuilly, 1956）。

125. 弗兰克·劳埃德·赖特：所罗门·R.古根海姆博物馆，纽约，1959年。整个展示空间由一个缓缓上升的螺旋坡面组成

　　柯布西耶对战后现代主义室内设计的另一伟大贡献在于，他创造了一种更加有机的现代主义风格，其晚期最著名的作品——朗香教堂（Nôtre-Dame-du-Haute chapel at Ronchamp, Haute–Saône, 1955）便是最好的证明。在这座建筑中，精心塑造的抛物线形态与他在战前设计中所流露出的简洁流畅的几何线条形成鲜明对比；教堂内部，大小不一的彩色小窗错落地穿插于厚重的混凝土实墙中，在集会时一道道彩色光线洒落到教堂内部，产生了戏剧化的视觉效果。

　　战后，弗兰克·劳埃德·赖特也以更为有机、更具雕塑感的风格进行设计。他设计的古根海姆博物馆（Guggenheim Museum, 1959）坐落于纽约第五大道，其内部以一个单一的螺旋坡面构成了主要的展览空间。埃罗·沙里宁（Eero

126. 埃罗·沙里宁：美国环球航空公司候机楼，纽约肯尼迪国际机场，1962 年。柔和的曲线造型取代了战前现代主义固守的生硬几何形式

Saarinen）的作品，也表现出他对有机曲线的偏爱。他为纽约肯尼迪国际机场
（JFK International Airport）设计的美国环球航空公司（TWA）候机楼，其创作灵
感便源于昆虫飞行时展开翅膀这一自然生物形象。

美国的主流家具设计师同样受到类似原生变形虫的有机形式的启发，1940年
现代艺术博物馆举办的家居用品有机设计（Organic Design in Home Furnishings）
比赛中，新颖的曲线家具首次亮相。那些曾经在克兰布鲁克学院（Cranbrook
Academy）接受培训的设计师们，如今开始从事家具生产，并以此向欧洲设计师
的霸主地位发起了挑战。克兰布鲁克学院创办于1932年，位于美国密歇根州的布
卢姆菲尔德山（Bloomfield Hills, Michigan），由芬兰建筑师伊莱尔·沙里宁（Eliel
Saarinen, 1873 ~ 1950）掌管。该学院培养了整个一代重要的设计师，包括在50年
代处于设计领域最前沿的伊姆斯夫妇（Charles and Ray Eames）、埃罗·沙里宁、
哈里·贝尔托亚（Harry Bertoia）等人。受到现代的且具人文主义色彩的美学观影
响，这些来自克兰布鲁克学院的设计师们将批量生产的方式视作能将优秀设计带入
大众市场的积极力量。

战争时期，美国的一些制造厂商在为美国海军生产装备的过程中，发明了浇铸
及胶合板粘贴的新技术，即在树脂中填充玻璃纤维以增加强度，这项技术现在家具
设计领域也被广泛利用。查尔斯·伊姆斯（Charles Eames）的贝壳椅（shell chair）
便是首张被应用于批量生产的塑料椅，用单个模型分别浇铸出座位和靠背，材料
就是经玻璃纤维加固的聚酯树脂。这样的椅子轻巧耐用，且便于储存，被广泛地
应用于正在迅速发展的固定的装饰形制室内设计行业。这种新型材料和技术也得
到伊姆斯和沙里宁的认可，他们设计的作品往往依据人机工程学原理，先制成整
张座椅的单体形式，然后把单体架构在锥形金属腿上。埃罗·沙里宁设计的胎椅
（Womb chair, 1946）、柱脚家具（Pedestal Furniture, 1955），查尔斯和雷·伊姆斯夫
妇（Charles and Ray Eames）设计的椅子和垫脚凳（Chair and Ottoman, 1956）都
是20世纪极为经典的椅子设计作品。

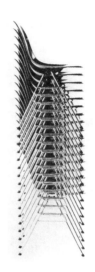

127-130. 上左图：查尔斯·伊姆斯设计的贝壳椅，1951年。上右图，叠椅，1955年。上中图，埃罗·沙里宁设计的柱脚椅改变了椅部支撑杂乱无序的状况。下图，刊登于《住宅佳作研究》第20期，起居室，埃尔塔迪纳，加利福尼亚州，1958年，内有家具如沙里宁的胎椅（图下）、柱脚椅（图中背景）等

　　这些家具在诺尔家具公司（Knoll Furniture Company）和赫尔曼·米勒公司这两个具有领导地位的美国现代家具制造厂得到大量生产。诺尔家具公司创建于1938年。当时毕业于克兰布鲁克学院的弗洛伦斯·舒斯特（Flornce Schust）与汉斯·诺尔（Hans Knoll）结婚，并在1946年创办了一家从事室内装饰设计的事务所——诺尔设计机构。他们承接的项目在设计理念上主要秉承了密斯式的简洁风格，多几何元素，同时又显现出奢华的美学效果。诺尔从1948年起开始生产密斯的巴塞罗那椅，并应用在其室内设计中。同时对哈里·贝尔托亚设计的用金属丝网制作的钻石椅（Diamond chair, 1952）、沙里宁设计的胎椅及柱脚家具也都进行批量生产。赫尔曼·米勒公司则批量生产了由雕塑家设计的具有现代家具风格的优秀家具，其中包括日裔雕刻家野口勇（Isamu Noguchi, 1904 ~ 1988）在1944年设计的一件重要作品——一张桌面呈调色板状的玻璃桌。此外，还有伊姆斯夫妇的主要设计作品，包括用金属脚架做支撑的塑料贝壳椅、全金属丝椅、塑料叠椅，以及他们于1956年设计的用胶合板弯曲成形的椅子和带有黑色皮革衬垫的垫脚凳（特别是用胶合板弯曲成形，这项设计技术具有深远影响）。赫尔曼·米勒公司还生产一些样式新颖的储物家具，例如乔治·纳尔逊设计的基本储存部件（Basic Storage Components, 1949）别具特色，整套设计由开放式架子、抽屉、碗碟橱和书桌等组

131. 野口勇：为赫尔曼·米勒公司设计的桌子，1944年。是战后现代主义有机形式设计的早期案例。在日本度过童年时光的野口勇，其设计灵感来源于日本艺术

成，可以替代一面非承重墙。在圣莫尼卡（Santa Monica）①，伊姆斯为自己设计的家庭工作室则由一些工业部件构筑而成，如呈开放式网状的钢梁和预制的钢铁甲板，这些元素都为他们的家具设计提供了一种非常适宜的现代氛围。

美国的设计主要通过《多姆斯》（*Domus*）杂志得以在欧洲广泛传播，如意大利，美国的设计对这片饱受战争摧残的国土产生了极大的影响。美国为意大利提供资金援助，意大利政府也努力培养一种建立在自由、民主基础之上的新民族精神。由于现代主义运动所提倡的严谨线条感很容易与战前的法西斯思想联系在一起，因此人们更加愿意采用这种呈曲线状的有机形态。战后的意大利艺术还深受先锋派艺术的影响，特别是亨利·摩尔和亚历山大·考尔德的雕塑作品。

吉奥·庞蒂（Gio Ponti, 1892 ~ 1979）于 1947 年创办了《多姆斯》杂志并任主编。他是奉行美国现代主义风格的设计师之一，并把意大利丰富的装饰艺术传统与现代主义相结合。他在室内装饰中，频繁地使用错视风格的绘画作品或者家居装饰物（地毯、窗帘或陈设等），这些装饰物保持了 18 世纪专为赴欧洲大陆旅行的游客们而设计的彩色大理石桌的风格。如同美国的诺尔和赫尔曼·米勒两大公司对于现代设计所产生的促进作用，意大利的卡西尼公司（Cassina）也批量生产了吉奥·庞蒂、维科·马吉斯特雷提（Vico Magistretti, 1920 ~ 2006，著名意大利建筑师、工业设计师）和马里奥·贝利尼（Mario Bellini, 意大利建筑师及设计师，生于 1935 年）的设计作品，面向所有重要的出口市场销售。其中最早投入生产的便是吉奥·庞蒂设计的超轻椅（Superleggera side-chair, 1956），椅子的深色框架结构以及白色编制坐垫的设计灵感源自传统的渔民座椅。在都灵，以卡洛·莫利诺（Carlo Mollino, 1905 ~ 1973）为代表的主流设计师设计的室内空间，则体现出超现实主义的设计风格。

在法国，民主思潮和现代主义之间也存在着同样的关联。由于战争的破坏，

---

① 美国加利福尼亚南部城市。

132. 伊姆斯自用住宅的起居室设计，
加利福尼亚州圣莫尼卡，1948年

133. 吉奥·庞蒂：起居室，卢卡诺公寓，米兰，1950年。室内空间大胆地混杂着印满商标图
案的窗帘、诙谐有趣的错视画书架装饰、墙及座椅上的"木纹肌理"装饰

四五十年代可以说是那些被战争毁灭的城市的重建时期。不过，法国的设计存在着一种新的精神，正如法国新浪潮（French New Wave）时代的电影导演崇尚美国电影一样，当时的法国设计受到了美国思潮的影响并汲取其元素。其中现代派建筑师让·普鲁韦（Jean Prouvé, 1901 ~ 1984）在 1948 年展示了一个餐厅设计，里面的家具均带有锥形支撑，这种风格与克兰布鲁克学院的设计风格非常相似。它的典型特征是使用木材之类的传统材质，在形式上表现出一种更加倾向有机风格的现代主义。法国装饰家如马德琳·卡斯塔因（Madeleine Castaing）、朱尔斯·莱勒（Jules Lelue）和多米尼克（Dominique）等人，则推崇以往的传统风格，直到 60 年代法国设计在波普艺术的影响下才欣然接受革新思想。

英国政府在战争时期施行"能效计划"（Utility Scheme）时，也采用了现代主义风格。英国因全面卷入战争而导致室内家具和陈设品生产方面的材料与劳力的匮乏。出于一些新婚夫妇及那些因在战争空袭中丧失家园的家庭的需要，英国贸易委员会并没有完全停止这些产品的生产，而是根据实际需要实行家具供应配给制度。这些家具的价格由政府确定，而对于室内设计历史具有更加重要意义的是，其款式及材料也是由政府决定。

1937 年，艺术与工业管理委员会（Council for Art and Industry）在一篇名为《工人阶级的家——陈设与设备》（*The Working Class Home, its Furnishings and Equipment*）的报告中强烈谴责外表装饰的品位，包括对某些历史时期特定风格的设计复兴。管委会对所谓的"优良设计"做了界定，即以"设计简洁、比例恰到好处、不易积灰"为特征，此外还着重强调了优良结构的重要性。在随后的 1942 年，这种设计定义被主管"能效计划"的咨询委员会所接纳。担任专家设计小组组长的戈登·拉塞尔是一名设计师兼制造商，他欣然接受这种定义并视之为提升大众品位的良机，他曾在 1946 年这样写道："在我看来，提高大众的家具设计整体水准，在战争时期并不算是件坏事。"如果人们毫无选择只能买下"能效计划"所管制的产品，那么他们就被灌输了中产阶级所定义的"好品位"观念。

134. 让·普鲁韦：餐厅，1948
年。法国战后现代主义室内设
计的案例之一。在"二战"之
前，现代主义建筑师普鲁韦曾
一度专业从事钢结构设计

　　1946年，一系列如"奇尔特恩"（Chiltern）、"科茨沃尔德"（Cotswold）等名
称的出现，揭示出拉塞尔依然忠诚于"艺术与手工艺运动"，其设计的家具制作精
良、坚固实用，并具有传统元素的特征，例如椅子梯状靠背等。简朴的设计风格可
以被看作拉塞尔出于对瑞典现代风格的赞美之情而采用的风格。但是这种设计在战
后不久就逐渐消失殆尽了。到了1948年，"能效计划"的标志符号仅仅代表着某种
质量及价格上的控制。制造商们又可以自由地生产他们自己设计的作品，指导方针
比较宽松，大众对装饰的需要以及对特定历史时期风格的追寻——尤其是都铎王朝
时期——能够再次得到满足。

　　"能效计划"能够成功实施鼓舞了英国政府和现代主义设计的拥护者，因而英
国在1945年成立了英国工业设计委员会（Council of Industrial Design），以鼓励
"优良设计"。英国工业设计委员会（CoID）最初的一项社会公众活动是在维多利
亚与阿尔伯特博物馆举办的一次名为"英国有能力制造"（Britain Can Make It）的
展览，展览吸引了成群结队前来观摩的参观者。此次展览分别展示了各种适于不同
社会阶层使用的房间设计，其中涵盖了从煤矿工人到电视播音员等各个阶层。在一
次群众民意调查中，参观者对展出的许多严肃而节制的设计提出了批评，因为这种

135. "建筑中心"内陈列的英国"能效计划"的家具设计，伦敦，1942年。"能效计划"发布了战时英国"优良设计"的官方标准

"严肃或节制"会令人想起"能效计划"，大多数人都感觉这些产品平淡无奇。到了50年代，拉塞尔担任工业设计委员会的主席，继续开展"优良设计"运动。

然而，实用主义所推崇的室内装饰又是怎样一种形式？官方举办的展览总喜欢带点随意性和民间风味，如简洁的方格布帘、纯白色的墙壁等。朴实无华是在资源匮乏的情况下不得不采用的设计方式。正如1950年出版的《家庭读物》（*Home Book*）中所指出的，"当前，大多数人不得已选择粉刷墙面是因为墙面处理受到限制，但当情况有所改善的时候，我们就有了更多选择来装饰墙面，如在墙上绘画、刷上油漆、贴上墙纸、用木质护墙板以及各种可能的新方法等等"。

受勒·柯布西耶的启发，英国的建筑设计领域开展了一项被称为"新野兽派"（New Brutalists）的运动，主要成员艾莉森·史密森（Alison Smithson）和彼得·史密森（Peter Smithson）设计了亨斯坦顿学校（Hunstanton School, Norfolk, 1954），把建筑中的预制构件作为艺术元素而加以充分利用。另一位著名成员詹姆斯·斯特林（James Stirling）设计了位于伦敦汉姆社区的公寓（flats at Ham Common, 1958）。根据他曾经在讷伊（Neuilly）见到的雅乌尔别墅的设计，斯特林对公寓也采用了砌砖和部分混凝土裸露的表现形式。

50 年代，洲际旅行日趋快捷、便利；电影、电视等媒体与日俱增，有力地推动了美国现代主义理论在整个世界的传播。即便将美国与欧洲的具有现代风格的室内装饰进行比较，无论是法国、德国、意大利、西班牙还是荷兰，人们都不难发现他们在设计上采用了某种相同的格调。例如，室内植物、嵌入式家具、铺设动物毛皮作为地板装饰、狭长的威尼斯百叶窗、主起居场所里开敞式储存空间、光滑流畅的有机形态等。此外，风格上还存在着一种将纹理与图案相融合的倾向。以座椅设计为例，通常是变形的结构被放置于纤细的黑色金属支撑架上。这种以国际现代主义风格布置的室内空间，还存在着另一项至关重要的设计元素——灯光，具有自由

136. 建筑师为伦敦一所公寓设计的起居室，这是20世纪50年代主流室内设计的范例。摘自诺埃尔·卡林顿（Noel Carrington）出版的《家居色彩与图案》一书，伦敦，1954 年

发散性光线的立式灯具取代了壁灯或天花板上投射集中的单一光源的灯具。由多位建筑师在 1956 年共同合作设计完成的位于伦敦汉普斯特德附近的一座住宅就充分利用了上述元素，他们借助一扇通向阳台的滑动玻璃门，成功地将花园与起居空间连成一体。

在国际主义风格中经受过磨炼的建筑师，开创了室内设计领域中的国际现代主义的主流风格，只是类似的室内设计师却迟迟未能出现。直到 1967 年，身为建筑设计师同时也是伦敦皇家艺术大学（Royal College of Art in London）第一批研究生课程的创始人——休·卡森（Hugh Casson, 1910 ~ 1999）评论道："很多建筑师根本就不愿意相信室内设计的存在，某些人甚至把它等同于女帽设计者或是糕点制作技艺，还有些人似乎认为单独考虑室内设计，对个人来说是件不体面的事情。"

战争以后，其他的设计领域为专业设计的人才储备预留出空间。例如，过去的商业艺术家如今成了平面设计师，工业设计师的地位也得到了提升。对于室内装饰设计，其职业性的发展则不能与这些设计领域相比，这可能是由于它是由装饰师所开创。1889 年，一群著名工匠共同创办了英国装饰师联合协会（The Incorporated Institute of British Decorators），到 1953 年又在名称中附加了"及室内设计师"（and Interior Designers）几个字，由此该项新专业领域的诞生得到认可。而后，到了 1976 年，名称中省略"装饰师"几个字，这个组织由此发展为英国室内设计协会（The British Institute of Interior Design），并最终于 1987 年与特许设计师协会（The Chartered Society of Designers）合并。在美国，类似的设计机构也以相似的途径发展。如 1931 年创办的美国室内装饰师协会（American Institute of Interior Decorators），在 20 世纪 70 年代变更为美国室内设计师协会（The American Society for Interior Designers）。接踵而来的杂志有《室内设计和装饰》（*Interior Design and Decoration*），该期刊自 1937 年开始出版，主要面向室内设计师群体，在 50 年代，名称中省略了"装饰"二字。同样，《室内装饰家》杂志（*The Interior Decorator*）

在1940年也将名称简化为《室内》（*Interiors*）。在英国，专业杂志出现得较晚，并不追随美国潮流，新的室内布置只是周期性地刊登在一些杂志上，如1896年创办的建筑杂志《建筑评论》（*Architectural Review*），而以家庭设计为核心内容的《室内天地》（*The World of Interiors*）则在1981年11月才首次出版；最早提及有关固定的装饰形制室内设计问题的《设计师杂志》（*Designers' Journal*）也是在1983年出版的。

20世纪60年代晚期的英国，随着高等教育课程的开设，室内装饰设计师的职业趋于正规化。到1968年，有五所艺术大学为室内装饰设计师开设了文凭课程（Diploma Course，即完成课业后能拿到正式的学位证书），皇家艺术大学的室内设计学院还开设了研究生课程。而在美国，早在1896年就由查尔斯·阿尔瓦·帕森（Charles Alvah Parsons）于纽约创办了帕森设计学校（Parsons School of Design），专门进行室内设计培训。此外，于1916年创立的纽约室内装饰设计学校（New York School of Interior Design）和1951年创办的纽约时尚技术学院（Fashion Institute of Technology）也都设立了相关专业。到80年代，美国的大多数艺术院校都开设了室内设计学位课程。

随着室内设计培训体系的建立，另一个障碍出现了，那就是获得建筑师的尊重。在现代主义运动的信条里，"建筑师应该对整体的建筑负责，且应当遵循'形式追随于功能'的原则"，只有后现代主义（Post Modernism）对这点提出质疑的时候，这个障碍才能被逾越。随着50年代消费主义运动的爆发和波普艺术的出现，室内设计开始逐渐得到建筑师的认可。

第 7 章 |

消费文化

20世纪50年代的美国，一个繁荣的消费市场崛起，并在尔后的60年代波及整个欧洲，这对室内设计风尚的形成产生了深远的影响。这种影响对于家居设计而言，表现为设计主动权从建筑师或者室内装饰设计师手里转移到消费者手中，现在的消费者比以前享有更大范围的选择权，甚至不再受到社会阶层的限制。

在美国的一部名为《室内装饰全书》（*The Complete Book of Interior Decorating*, 1956）的装饰手册里，家居记者玛利·德里厄（Mary Derieux）和伊莎贝尔·史蒂文森（Isabelle Stevenson）建议读者："准备一本带索引的剪贴簿，你可以尽情收集各种吸引你的杂志文章、新型设备及陈设样式的广告、房间图片和色彩设计图等等。"她首次强调指出："在做选择时，不要惧怕表达你的个人品位，因为这个家属于你自己。"

早在19世纪，就已经出现了这种供中产阶级女性阅读的传统式家庭指南手册。在大量设计师撰写的各类文章或评论中，就有有关审美品位方面的指导。不足的是，这些书通常只推举一种风格样式，而批判其他所有的风尚潮流。1954年，唐纳德·D.麦克米伦（Donald D. Macmillan）在《家居装饰中的优雅品位》（*Good Taste in Home Decoration*）一书中建议："……经过长时间的发展，在室内设计领域中已经逐渐形成了一种被大众认可的'上品'标准，这种对标准的认知程度是无法用金钱来衡量的。"在战争年代，秉持现代主义设计风格的室内装饰师们极其拥护这种风格，认为它与其他任何一种风格相比都更显优越。在英国，现代主义运动的传播者试图通过 DIA 年刊影响大众的审美品位，美国则借助现代艺术博物馆举办的展览及其相关的手册指南等方式来影响大众。不过，这些时尚引领者的权威地位从 20 世纪 50 年代开始逐渐削弱，同时，关于"优雅的审美品位究竟是什么"这一问题，开始变得越来越扑朔迷离。

在美国，城市郊外地块被大面积地开发出来，用以满足迅速扩张的中产阶级群体。美国家庭比战前更加频繁地迁居，而且需要借助住宅的外观向人们传递一些与自身相关的重要信息，使他人感知这些家庭在特定社会环境中所处的地位。受第二次世界大战的影响，女性在家庭中的角色发生了戏剧性的转变，住房的恢复和建设

137–141. 宽敞的厨房操作台搭配色彩鲜艳的塑料面板，流线型冰箱、冰柜，休闲式早餐吧台及家
庭游戏室，甚至包括家庭汽车等，这些都表达出一种消费文化

落在妻子的身上。战争期间，在美、英政府官方的鼓励下，女性开始进入工厂，从事一些在传统意义上属于男性的工作，如做铆工、焊工和车工等；在家庭中更是采取一种"修修补补将就着过"（make do and mend）的生活方式。而战争结束之后，从战场上撤回的男人们需要工作，于是政府当局和大众媒体开始重新大肆宣扬女性在家庭中的重要地位。如1946年，克里斯汀·迪奥（Christian Dior）就在《新形象》（*New Look*）一书中提出强化女性的传统角色，强调女性该把视觉关注点放在她们的胸部、腰围、臀部以及那些曾被认为"华而不实"的高跟鞋上，迪奥还通过科学论证着重阐述了妇女应当扮演"母亲"和"主妇"这样的传统角色。专职家庭主妇的新形象就这样被媒体塑造出来了。

　　广告商和生产商很快认识到，家庭主妇往往掌管着家庭的"财政大权"，因此她们随即成为商家竞相追逐的重要目标。在针对美国消费群体的调查文章《寂寞人群》（*The Lonely Crowd*, 1950）中，作者戴维·里斯曼（David Riesman）这样评述："众所周知，女性是我们的社会群体消费的引领者。"对于战后的厨房设计而言，这

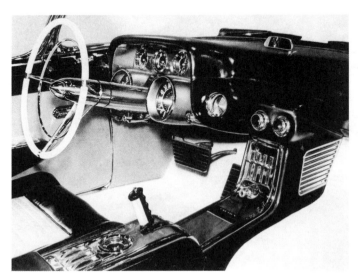

142. 哈利·厄尔：凯迪拉克汽车内饰，1954年。从带有排气口的镀铬方向盘、操作杆及刻度仪表盘等细节的设计中，可以看到其超越功能本身意义而表现出的科幻感觉与飞机式样设计的效果

一点成为关乎其发展的一项十分重要的因素。一些面积较大的厨房往往配备一些新颖的家用器具，如电动食物搅拌器、烤面包机和水壶等，安装贴有带图案的彩色塑料层压板的贮藏柜使得厨房空间更加宽敞。当美国家庭广泛使用双炉灶具、冰箱和洗衣机等大型产品时，英国家庭中才刚刚开始出现这些产品。这些产品的尺寸如此之大并非出于功能所需，如冰箱的设计就是以汽车设计为基础的，通常呈流线造型且大多采用浅橙色或青绿色，并配有一些铬质的金属装饰物。在逐渐认识到设计对于产品的优胜劣汰起着至关重要的作用之后，生产商开始游说那些具有"地位意识"的家庭主妇，让她们意识到其需要的是配有最新"额外配件"的款式。对于家庭成员和访客来说，对厨房的关注与使用已不再仅仅停留在是否配有用人这一标准上，她们更注重的是能否给客人留下深刻印象。如此发展的厨房设计颠覆了20世纪30年代所提倡的科学式厨房设计，那时的厨房设计通常以轮船上的厨房为基准，尽可能把空间小型化，而现在的美国厨房则成为室内设计的焦点，表明女性在一个家庭拥有至高无上的职责与权力。

20世纪50年代，现代主义建筑师们推广开放式布局，使厨房成为一层生活区中不可或缺的组成部分。与战前相比，这些新式住宅的生活区面积扩大了不少，因为通常与就餐区域连接在一起，并且早餐吧台将就餐区与厨房隔开，这种有着双重用途的房间由此显得十分有趣味。

受克兰布鲁克学院设计作品的启发，现在的室内设计中，起居室座位的设置不再像过去那样直面着壁炉，而是环绕在电视机的周围。暖气设备取代了炉火取暖，使家具可以灵活布置。此外，用黑色来反衬石灰绿或橘红等强烈色彩，成为一种时尚。同样地，还有落地灯、用金属与层压塑料板制成的飞镖状的矮桌以及室内植物等，都十分流行。新型消费群体的蓬勃发展促进了风格的多样化融合。与此同时，现代风格、法式古典风格、殖民时期的流行样式和西班牙教会风格（Spanish Mission）也依然受到大众欢迎。

战后的繁荣与发展也促进了人们在购物习惯和交通方式上的改革。在城镇边缘地带兴建起一座座大型超市，此外，在汽车即可消费的便捷咖啡馆和汽车影院等也纷纷建成，反映出美国已俨然成为一个汽车国家。这些机动车的内部设计具有奇幻色彩，并不遵循人们对实用性的需求，而是与当时的厨房布置一样，不但面积超越了功能所需，车内还布置了大量的装饰布艺、框架挡风玻璃和镀铬的仪表盘等。这些设计大部分是基于当时流行的科幻小说中的臆想画面，1954 年出产的凯迪拉克汽车（Cadillac）和 1957 年出产的雪佛兰（Bel Air）轿车就是其中的典型。另外一项重要的新式交通工具——喷气式飞机，它的内部则更加严格地受到空间、尺度和人机工程学的限制。哈利·杰·厄尔（Harley J. Earl）自 1927 至 1959 年一直是通用汽车公司（General Motors）的设计负责人，他同时也负责飞机内饰的设计工作。在设计通用动力康维尔 880 喷气式客机（General Dynamics Convair 880）的内舱空间时，厄尔在天花板上每隔五排座位设置一个间隔，以打破这种狭长空间给人造成的单调与乏味感；机舱座位的外壳形制均采用泡沫塑料，配上色泽清新的蓝色坐垫，令人感觉干净利落；过道上铺着鲜红色的地毯，墙上和天花板上均覆盖着白色织物，织物上附有金色点缀，这些细节都令机舱空间呈现出不同于以往的装饰效果。

餐车与酒吧间的设计，则十分艳丽。彩色的塑料座椅和采用层压工艺制成的带有镀铬配件的嵌入式桌子，都采用了战后现代主义风格（Post-war Modernism）的有机形状。

到了 20 世纪 40、50 年代，这种美式设计的广泛流行及发展带给英国极大的震撼，因为英国设计师们正倡导一种比较实用的设计风格。同时，考虑到人们一直热衷于"复兴"，英国工业设计委员会开展了一项运动来推广新风格——当代主义（Contemporary）运动。

就这次运动而言，最具重要意义的媒介是 1951 年举办的英国嘉年华活动（Festival of Britain）。这是针对英国过去、现在及未来的成就的一次爱国庆祝活动，也是 1851 年首届世界博览会成功举办的百年纪念活动。英国工业设计协会在其创办的杂志《设计》（Design，1949 年 2 月版）上，刊登了其开创的当代主义风格式

143、144. 当代主义风格的客厅设计（下图），工业设计协会，1951年。这款英国官方认可的设计，展出于1951年的英国嘉年华。右图，埃内斯特·拉斯设计的羚羊椅，整个庆典现场使用的就是这种椅子

样，供企业和消费者们参考。该协会还邀请生产商为这次庆典活动提供一些"基于当下且充满活力"的展览作品，但也不排斥"历久弥新"的基本设计作品，如温莎椅（Windsor chair）和很多手工器具。

如此这般，当代主义的风格式样将来自美国和瑞典设计中的最新成果与英国的 143、1◄
传统融合在一起。英国工业设计协会特意在这次庆典上开辟了一个展区展示房间布置，使大众第一次领略到了当代主义的风采；同时还创建了设计索引，帮助观众快速地在卡片上浏览到所有的"优秀设计"实例。

庆典上展出的所有室内设计和家具设计都需经过英国工业设计协会的审查，并要求具备当代主义的风格特征。埃内斯特·拉斯（Ernest Race, 1913 ~ 1964）和罗宾·戴（Robin Day, 1915 ~ 2010）设计的椅子采用骨骼型构架，其线形结构可承受极大的压力。这些椅子的设计十分简洁，外观上无任何装饰，腿部呈八字形，这是所有当代主义风格家具的一个共同特征，也受到了 40 年代克兰布鲁克学院设计的启发。当代主义家具的另一个重要特征是——支撑在球状结构上的细椅腿，这一理念来自工业设计协会为"嘉年华款式设计团"（Festival Pattern Group）引入的分子生物学的主题。设计团由二十八家英国生产商组成，他们根据水晶的分子结构形式设计纺织印刷品、灯光设备、玻璃和陶瓷品等，其中较为典型的案例是玛丽安娜·斯托劳布（Marianne Straub, 1909 ~ 1992）为华纳父子有限公司（Warner and Sons Ltd）设计的纺织品——赫尔姆斯利（Helmsley），其灵感便是源于尼龙的化学结构。

当代主义风格所表现出的离奇与装饰感，成功地赢得了消费群。当然，也不能忽视英国工业设计协会在"嘉年华"结束之后持久的宣传活动所产生的效果。他们通过女性杂志、电视和展览等传播途径将信息传达给大众。协会还定期在一年一度的每日邮报理想家居展览会（Daily Mail Ideal Home Exhibition）上举办房间布置展示，展出它觉得可以代表年度优秀室内设计标准的作品。1955 年，也就是第六届家居展览会上，展出了为罗伯特（Robert）和玛格丽·韦斯特莫尔（Margery

Westmore）设计的公寓里当代风格的装饰。其家具都可以在商业街的零售店里面买到，这个公寓里的家具就是从基尔伯恩的威廉姆斯家具廊（Williams Furniture Galleries, Kilburn）购买的。这样的设计主要是为当地的社会性住房的新住户提供的。战后，由于公共住房面积比起战前缩小了许多，这使轻质实用的当代主义家具备受欢迎，并取代了过去的实木家具（如20世纪30年代设计的庞大的三件套系列）。许多公寓和住宅均采用开放式布局，使得分隔起居空间和就餐区域的隔断流行起来。英国高姆父子有限公司（E. Gomme and Sons Ltd）自1953年实行"G–计划"（G-Plan）营销方案以来，就一直生产乔治·纳尔逊（George Nelson, 1908 ~ 1986）的高档设计品，作为其可互换家具组合产品的一部分。

以当代主义风格布置的室内，其许多特征源自建筑设计的模式。诸如室内植物、上了清漆的简易木质品、裸露的砖与天然石材等自然元素，营造出轻松、活泼的氛围和功能主义的效果。在英国，伦敦为了扩大自身的郊区范围而限制了其他主要城市的扩展，如此便带来了住房问题。为满足公众对住房的强烈需要，英国政府开发出许多"新城"（New Town）。战后，英国指定在萨塞克斯郡开发一个新城镇——克拉利镇（Crawley），新城的样品房均采用当代主义风格进行装饰，以满足那些想远离污染和过度拥挤，追求更好的生活质量的伦敦工薪阶层。

色彩与图案在当代主义室内设计中也是十分重要的两个方面。墙纸和纺织品印有色彩淡雅的底色，黑色的图案线条大多取自现代雕塑，如果用于厨房的话，则选取一些水果、蔬菜或陶器图案。当代风格的室内布置还时常把截然不同的图案元素重新整合在一起。家庭手册的存在对这种手法起到了一定的促进作用。例如，《新家庭管理》（*Newnes Home Management*）建议将墙纸的点与条纹图案加以对比运用，以增加壁炉墙的趣味性。1957年创刊的杂志《自己动手》（*Do–It–Yourself*），对成形于20世纪50年代美国，并盛行于美国和英国的自助市场起到了促进的作用。来自英国的德克萨斯家庭护理公司（Texas Homecare），在1911年成立之初是一个制作生产木质壁炉的家庭作坊；1954年该公司开设了几家商店，销售墙纸和涂漆；

1972年开始创办第一家批发店，大规模地供应人们改善居住环境所需的装修材料；80年代末，这家公司已发展到拥有近二百个零售点。由于乳胶漆和纤维墙纸的使用相对比较简单，这在一定程度上也刺激了非专业的装饰人员对这种商品的市场需求。

具有讽刺意味的是，当代风格恰恰因为它过于广泛的普及化而走向崩溃。进入20世纪60年代后，市场对于八字形塑料层压咖啡桌的需求量达到了空前的地步，而专业设计师对其兴趣急剧衰减。当代风格对于建筑师们来说，不过是昙花一现的时髦而已，它的生命力远不及现代主义那般持久。

20世纪50年代初期，人们才开始对经典现代主义的整体法则产生置疑。一个称为"独立团体"（Independent Group）的群体，其成员在1952～1955年不

145. "自己动手"观念逐渐普及至年轻的家庭主妇阶层，人们用滚筒漆刷出对比强烈的粉色和绿色图案

时地聚集在伦敦当代艺术学院（Institute of Contemporary Arts in London）进行商议与讨论。在他们看来，现代主义已经过时。这个团体的主要成员包括设计作家雷纳·班纳姆（Reyner Banham），建筑师艾莉森·史密森、彼得·史密森与詹姆斯·斯特林，画家爱德华多·保罗齐（Eduardo Paolozzi）和理查德·汉密尔顿（Richard Hamilton）等人，他们凭借对美国流行设计的热情，制定出一套评估文化的新方法。受好莱坞电影和《麦考尔》（*McCalls*）与《国家地理》（*National Geographic*）等杂志广告的影响，"独立团体"成员被影片与广告中描绘的丰富多彩的美国生活方式深深吸引。相对于生活在50年代早期严峻经济形势下的英国人，冰箱、洗衣机和电视等家用电器显然具有很强的吸引力。1956年，理查德·汉密尔顿创作的《是什么令今天的家变得如此与众不同，这般富有魅力？》（*Just What Is It That Makes Today's Homes So Different, So Appealing?*），实质上是一份关于美国家庭所偏爱的大众消费品清单，从中可以窥探出当时英国人对美式生活及消费物品的极度向往。

　　"独立团体"的讨论激发了艾莉森·史密森和彼得·史密森，使他们萌发了共同设计一栋"未来住宅"（House of the Future）的想法。这栋"未来住宅"在1956年举办的每日邮报理想家居展览会上展出。根据雷纳尔·班哈姆的建议，该作品也是基于美国汽车的外观式样与市场基础设计而成的。史密森夫妇共同设计的这座住宅，由一系列的彩色塑料浇铸而成，带有镀铬装饰，并且每年都要对其进行更新。与许多50年代的住宅内部装饰一样，这所房子的室内布局也采用了开放式设计，通过一些嵌入式家具和装置界定出每个区域的不同功能。这说明50年代人们过度地崇拜技术，并将它视为一种解放家庭妇女生活方式的手段，这样女性们才能有更多的时间与家人相处。在这所住宅中还有不少"节省劳力"的设备，如便携式电动吸尘器、垃圾处理装置、洗碟机和微波炉等，这些都引起了媒体的广泛关注。

　　史密森夫妇的主要成就是设计了一件一次性使用的建筑作品。现代主义运动的理论家们总是把现代主义与古希腊建筑联系在一起，竭力宣扬能保持恒久性的风格

146. 理查德·汉密尔顿的美国消费主
义清单：*是什么令今天的家变得如此
与众不同，这般富有魅力*，1956年

的价值。史密森夫妇认为，建筑应该借鉴通俗文化，把变幻莫测的风格式样和大众
化品位运用到建筑设计中去。

20世纪50年代末，"用毕即弃"的美学观（expendable aesthetic）开始越来越
多地被运用于室内装饰设计中。这种急速变化的时尚是受到一系列因素的影响，不
过显然不包括主流建筑。对于新室内设计而言，新型消费群体的出现是一个极其关
键的原因。50年代的青少年群体中出现了一种新现象，年轻人获得充实的工作并
取得适当的工资以后，自50年代中期起16～24岁群体的消费能力快速增长。1959
年，根据伦敦一家广播机构的一则报道估算，上一年英国青少年的消费能力是9亿
英镑，这意味着：市场亟待出现一个能够展现全新文化的新领域。

过去，年轻人的房间风格总是由父母决定的；而现在，这些年轻人要求在自己
的领地里展现独特的自我个性。尤其是在父母家，年轻人往往在他们自己的卧室装
饰一些特色招贴画，以及他们收集的录音带和唱片等，这些都能反映年轻群体的独

特品位。在20世纪50年代，咖啡馆成为英国年轻人聚会的主要场所，这种咖啡馆大多由第一代意大利移民经营，在它们的柜台上都会显眼地摆放着镀铬的咖啡机。其中最著名的蒸汽咖啡机是吉奥·庞蒂在1949年为意大利加吉亚公司（Gaggia）设计的。"独立团体"的成员托尼·德尔·伦齐奥（Toni del Renzio）曾在1957年这样评论道："浓缩咖啡与小型动力摩托车以及一批新电影女星，毫无疑问成为意大利文化对英国文化的一种冲击。"当时，也有一些优秀的咖啡馆设计作品问世，

147. 艾莉森·史密森和彼得·史密森："未来住宅"（去除屋顶后的空间展示），理想家居展览会，1956年。房内的各项模型布置环绕着居中的中庭式空间

道格拉斯·费希尔（Douglas Fisher）在伦敦的威格莫尔大街（Wigmore Street）设计了贡戈拉咖啡馆（The Gongola），之后以同样的方式在布朗普顿大道（Brompton Road）上设计了莫坎博吧（Mocambo）和厄卡巴诺（El Cubano）两座咖啡馆，这几件作品均堪称经典。当时的咖啡馆，通常桌面上铺一层带铝边的亮色塑料薄片，家具均采用当代流行的式样。阿尔卑斯山主题也是经常被采用的风格之一，墙面大多用石料或有石质效果的墙纸加以装饰。

来自美国的影响也非常大，自动唱机成为青年文化的图腾。20 世纪 50 年代的沃利策（Wurlitzers）①，其表面的镀铬金属板、包裹紧密的屏幕、选择频道的仪表盘，甚至还有红色的灯和尾鳍状的外观形态，与这个时代的许多美国工业设计一样，其设计师也是基于汽车设计的视觉意象进行创作的。还有专为青少年设计新型汽车快餐店也表明与欧洲相比，美国青少年群体相当庞大。

20 世纪 60 年代，随着青少年数量的激增，冲破社会常规道德观念束缚的情感不断滋生，市场上出现了大批针对年轻人的设计。这一点在波普主义（Pop）设计运动中体现出来。该设计运动兴起于英国，是整个波普主义运动的一部分。1963 年，一支四人组流行乐队"甲壳虫乐队"（Beatles）在英国轰动一时，在随后的一年内他们到美国巡回演出，确立了英国青年文化在世界的领先地位。

在室内设计领域，新的购物环境的打造迎合了青年人市场，如出现了精品店，专门经营受年轻人喜爱的时髦又便宜的衣服。1955 年，服装设计师玛丽·匡特（Mary Quant）在伦敦切尔区国王路（Kings Road）开设了第一家女性时装用品商店——"集市"（Bazaar）。1957 年，搬迁至位于骑士桥（Knightsbridge, 伦敦的高级地段）的新店址，该店由特伦斯·康兰（Terence Conran, 生于 1931 年）设计，颇具特色。楼梯位于房子中间，下方挂着衣服；室内的上半部分大量采用织物装饰。到 20 世纪 60 年代中期，这类小型商店几乎遍及英国所有城市。1964 年，芭

① 英国沃利策公司生产的一种自动点唱机。——译注

芭拉·乎兰妮姬（Barbara Hulanicki）在伦敦肯辛顿大街（Kensington High Street）开设了第一家比巴商店（Biba），店内灯光昏暗，整日大声地播放着流行乐。随后开设的一些比巴商店，其墙壁和地面均以暗淡的格调装饰，衣物悬挂在用弯木制成的维多利亚式立式衣帽架上，还有19世纪插着鸵鸟羽毛的瓶子，这些细节设计进一步渲染了颓废的氛围。

　　年轻人渴望摆脱上一代的束缚，他们相互交流娱乐信息，表现反复无常的情绪，这些构成波普主义多样化的灵感源泉。过去的装饰风格得到复兴，特别是1966年，在维多利亚和阿尔伯特博物馆（Victoria and Albert Museum）举行奥布里·比亚兹利作品展之后，新艺术风格再度流行起来；另外，一些书刊的出版促进了装饰艺术的兴起，如贝维斯·希利尔（Bevis Hillier）于1968年撰写的《二三十年代的装饰艺术》（*Art Deco of the Twenties and Thirties*）等；还有一些电影作品也对装饰艺术等过往风格的复兴起到了促进作用，如《邦尼和克莱德》（*Bonnie and Clyde, 1967*）等。显然，对于过去风格的复兴，其目的并不在于重复过去的风格样式，而是将它们重新结合塑造出一种新颖而充满青春活力的新面貌。例如，曾受到装饰艺术鉴赏家们严厉抨击的维多利亚式家具，现在则被漆上明亮的光泽。新型招贴艺术的产生在很大程度上也归因于奥布里·比亚兹利和阿方斯·穆哈（Alphonse Mucha, 1860 ~ 1939）作品的启发。20世纪70年代早期，在装饰艺术运动的发起者德瑞（Derry）和汤姆（Tom）也开办了比巴商店，经由电影场景设计师之手，其风格式样复古而富有魅力。

　　如今，纯艺术（High Art）与通俗文化共同发展并结合成一个混合体。20世纪60年代早期，在大西洋两岸，美国的罗伊·利希滕施泰因（Roy Lichtenstein, 生于1923年）、安迪·沃霍尔（Andy Warhol, 1928 ~ 1987），英国的戴维·霍克尼（David Hockney）、阿伦·琼斯（Allen Jones）等艺术家用各自的作品揭开了波普艺术运动的序幕。这些优秀艺术家以通俗文化为创作源泉，例如罗伊·利希滕施泰因在他的绘画中，以点为图案构成，模拟了连环画册式的廉价印刷效果。

148. 阿基格拉姆设计团队：自
动化住宅设计

　　波普艺术中的图像随后被运用到招贴画、廉价陶器及壁饰上。各类艺术形式彼
此互通，例如安迪·沃霍尔设计了印有牛形图案的墙纸，并用于其位于纽约的个人
工作室——沃霍尔工厂（The Factory），工厂内还用了充满氦气的银色塑料云朵作
为装饰。1964 年，在纽约悉尼·贾尼斯画廊（Sidney Janis Gallery）中举办的以"新
现实主义者创造的四种环境"（Four Environments by New Realists）为主题的展览
中，波普风格雕塑家克莱斯·奥尔登堡（Claes Oldenburg，生于 1929 年）展出了
一间卧室的设计。这件作品可谓是对"消费文化"的一次认可，如果不能说是赞许
的话：床上铺着白色缎面被单，一件人造豹皮大衣随意扔在仿斑马皮的长沙发上。
克莱斯·奥尔登堡设计的软体雕塑，如汉堡状的巨大雕塑经过设计转变成家具形
式。直到 1988 年，商业街上依然可以见到这类家具店向年轻人市场供应这些雕塑
的廉价复制品。维特莫尔-托马斯（Witmore-Thomas）新开的比巴商店的地下室
就有个装烤菜豆和汤的巨大罐头仿制品，上面放着真实的听装食物。
　　欧普艺术①运动也对室内装饰艺术产生过一定的影响。这场运动是由维克

① Op Art，即光效应绘画艺术。——译注

149. 伦敦比巴商店，芭芭拉·乎兰妮姬开设于肯辛顿大街的第一家店，1972年。装饰艺术题材与维多利亚式的弯木衣帽架，营造了复古时尚的氛围

托·瓦萨雷里（Victor Vasarely, 1908 ~ 1997）首先在法国发起的，后由布里奇特·路易斯·赖利（Bridget Louise Riley, 生于1931年）在英国进行了拓展。赖利绘制的黑白图像，经过欧普艺术的设计，产生了使观众迷惑的效果。这种图像为电视节目《顶级波普》（*Top of the Pops*）的背景设计和小型时装店的装饰带来了创作灵感，并掀起了招贴画行业的兴盛局面。

伦敦建筑学协会（Architectural Association）的学生厌倦了现代主义运动沉重、永恒不变的设计法则。1961年，由彼得·库克（Peter Cook）率领的阿基格拉姆设计团队（Archigram），首次公开反对现代主义，拥护一种更加有机、随意的建筑风格。该组织随后宣称，对适用于个体居住者的一次性建筑（Expendable Architecture）具有浓厚兴趣。1966年，由建筑设计师安德烈亚·布兰齐（Andrea Branzi, 生于1938年）率领的阿基佐姆设计团体（Archizoom）诞生于意大利佛罗伦萨，该团体在1967年也同样涉足波普艺术，并结合装饰艺术图案、流行明星肖像和人造豹皮设计了各种形式的床，显示了他们对通俗文化的热衷以及对传统上流建筑文化的抵制。

"用毕即弃"一次性家具的生产，进一步强调了波普设计对于"传统"和"耐用"这两大概念的挑战。由于波普风格自身具有"玩世不恭"的含义，这种风格的家具也可以坚固的纸板为原材料，购买者自行将纸板组装成家具的形式，使用一个月左右之后，当其他样式的新家具出现时，便可将之丢弃。彼得·默多克（Peter Murdoch）设计了一张纸椅，椅子呈简洁的水桶形并带有醒目的圆点花纹图案。1964年，这种纸椅被批量生产，主要供应于年轻人市场，其使用寿命达到了预期的3至6个月。

波普主义的一大弊端就是对环境问题的忽略。从20世纪60年代的早期到中期，消费者和设计师对科技成就持完全乐观的态度。注重研发潜在的新材料和新技术等方面，体现了波普风格的室内装饰对技术的推崇。如位于国王路上的切尔西药店（Chelsea Drugstore, Kings Road），由加尼特（Garnett）、克劳利（Cloughley）、布

51 莱克莫尔协会（Blakemore Associates, 1969）等个人及团队合作完成。室内空间采用磨光铝材料，营造出一种宇宙飞船般的氛围，借助计算机屏幕显示的紫色平面图，显示建筑物体内的不同区域，更加增强了"宇宙飞船"式的氛围感。

52 　　在法国，室内装饰设计师奥利弗·穆尔格（Olivier Mourgue, 生于1939年）在科幻电影《2001：太空奥德赛》（*2001: A Space Odyssey*）中，创造出未来主义场景。他根据造型夸张的变形虫（amoeboid）设计了低矮的、呈曲线状的座椅，其中造型轻柔的曲形躺椅"Djinn"（1964）为他赢得了"国际设计大奖"（AID International Design Award）。

　　20世纪60年代晚期的意大利，明显存在着反现代主义主流的风潮，年轻的意

3–155 大利设计师设计的室内空间和家具，都有意挑战"优雅品位"（Good Taste）的标准。1970年加蒂（Gatti）、保利尼（Paolini）和泰奥多罗（Teodoro）等人为扎诺塔

150、151. 左图，阿基佐姆团队："梦之床"，1967年。这个来自意大利的建筑师团队，故意用一种将装饰艺术与波普艺术混杂的方式，嘲弄"优雅品位"的准则。右图，切尔西药店，由加尼特、克劳利与布莱克莫尔协会共同设计，1969年。这是一个犹如铝质胶囊一般，刻意让人迷失方向的室内空间

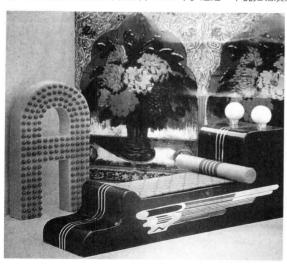

公司（Zanotta）设计的懒人沙发（Sacco seat），仅仅是个填充了聚氨酯颗粒的大袋子，没有固定形状但具有很强的适应性。扎诺塔公司也曾生产过早期的充气家具。1967年，吉屋拉坦·德·帕斯（Gionatan De Pas）、多纳托（Donato D'Urbino）、保罗·洛马齐（Paolo Lomazzi）共同设计了吹气椅（Blow chair）。它是第一件批量生产的膨胀式椅子，采用清澈透明的聚氯乙烯（PVC）材料制成，可以在游泳池里使用。吹气椅的趣味性及其蕴含的对现存社会体制的对抗含义，吸引了法国和英国的年轻消费群。同样，该三人组还设计了"乔沙发"（Joe Sofa），也由扎诺塔公司在1971年生产。这个沙发模仿手套的形状，在用聚氨酯泡沫塑料制成的手形外部覆盖了软质皮革。这项饶有趣味的家具设计，其灵感来自美国的波普艺术雕塑

152. 奥利弗·穆尔格：曲形躺椅"Djinn"，曾出现在电影《2001：太空奥德赛》中，1967年。其生物形态的造型均以钢结构为基础，表面覆以泡沫和尼龙织物，成为流行于20世纪60年代的柔韧灵活的家具形态

153. 休闲式软椅体现了20世纪60年代的家居布置风格。乔沙发，灵感来源于美国雕塑家克莱斯·奥尔登堡创作的"柔软雕塑"

家克莱斯·奥尔登堡的软雕塑作品。英国最重要的波普风格室内装饰设计师马克思·克伦德宁（Max Clendinning, 生于1930年），设计了可拆卸家具（knock-down furniture），通过使用单一色彩创造出统一的整体环境。1968年，他的一项起居室设计被刊登在《每日电讯报》（*The Daily Telegraph*）上，这项设计的灵感来源于太空旅行，空间内摆放着光滑、结实的桌、椅、脚凳，还包含一些相应的储存空间，并由此形成了一个整体组合。

　　1969年，人类的首次登月探险极大地增强了新科技的魅力，几乎所有的室内设计都围绕着太空主题进行创作，包括用计算机印制出各种金属色的字体，以及在塑料贴面上涂抹明亮色彩的涂料等。维克多·卢肯斯（Victor Lukens）位于纽约的起居室设计（1970），就融合了上述这些特征。此外，该起居室中还设有一个封闭式独立的座位，人坐在里面能够环视房间情况而又不被人发现。

　　新生的毒品文化（drug culture）下诞生出另一类型的室内设计氛围，即有意营造一种令人感到魅惑的空间。毒品，尤其是以LSD①为代表，能够改变人们的知

---

① 麦角酸酰二乙胺，一种致幻剂。——译注

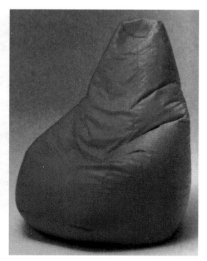

154、155. 1967 年的"吹气椅"（左图）、1970 年的"懒人沙发"（右图）均为典范。扎诺塔公司大量生产这类"波普家具"。一些架子悬挂在油漆的墙面上或固定在砖上，在这样一种空间里，一张色彩鲜艳的模制塑料桌、一盏落地灯或台灯，是必不可少的

觉，它与波普文化相联系从而引发了视幻运动（Psychedelic Movement）。寻常房间的尺度感在灯光的映射下消失殆尽，抑或是有意模仿一些超大尺寸的图形比例而湮没了房间原本的正常视觉感受。

在美国，芭芭拉·施陶法赫尔·所罗门（Barbara Stauffacher Solomon）大胆地把巨型图像运用到室内装饰中并使之成为时尚。以位于加利福尼亚索诺马的海洋农场游泳俱乐部（Sea Ranch Swim Club, 1966）为例，室内空间采用了放大的字母，大胆使用原色条纹及几何图形等，随意地将各种元素混合在一起，在视觉上与建筑空间产生冲撞，从而制造出一种令人迷惑的空间效果。在英国，同样能见到类似的手法，如巨型变形虫被涂上明亮的甚至是荧光色彩，随意地分布在天花板、墙壁、门和地板上，正如皇家艺术大学在 1968 年由学生自行设计的学生活动室（Junior Common Room）所呈现出的风格。除此之外，马丁·迪安（Martin Dean）设计的

156. 马克思·克伦德宁：设计师自家的餐厅，伦敦，20世纪60年代。天花板的颜色逐渐蔓延至墙面，横向条纹元素试图打破角落的狭小格局而在视觉上形成扩大空间的效果，椅子的扶手与靠背可拆下、互换，而组成新造型

157. 维克多·卢肯斯：起居室，纽约，1970年。流行于20世纪60年代的气泡椅，在此则成为一面单面镜（椅子用镜面衬里），设计师在自己的公寓内布置了闪亮的乙烯塑料模压家具，在嵌入墙上的壁龛里设置了灯饰、电视及音响设备

158. 芭芭拉·施陶法赫尔·所罗门："超级图形"，海洋农场游泳俱乐部，加利福尼亚州索诺马，1966年。这位艺术家在建筑空间内大胆运用红蓝条纹，各种图形形成强烈对比

159. 20世纪60年代的谈话场所，适合轻松愉悦的个性与谈话方式。迷幻的霓虹灯、可变式照明灯管及巨大的立式落地灯泡等均是流行于20世纪60、70年代的设计元素

避难舱（The Retreat Pod），舱体呈鸡蛋形，为了激发人们对超自然体验的欲望而有意将使用者完全包围于其中。这个令人感到丧失感觉与判断力的大容器设计，从本质上体现出这类滋生于毒品文化下的设计氛围——即有意营造令人迷惑的室内效果。此外，由亚历克斯·麦金太尔（Alex MacIntyre）设计的旅行包厢（Trip Box），也是这类代表作之一。他利用反向投射和音乐效果，创造出令人产生幻觉的室内环境。这件作品由伦敦的梅尔普斯家具店（Maples）于1970年的"生活实验"博览会上展出。

波普设计为电影场景的表现注入了新的灵感源泉。特别是影片《上空英雄》（*Barbarella,* 1968）和《救命》（*Help,* 1965）的场景布置，都引用了地毯式的坐垫设计。这种方式在居家布置中很容易效仿，《时尚》（*Vogue*）和《住宅与花园》（*House and Garden*）这些杂志均登载过类似的布置。

波普艺术与超现实主义之间有着十分密切的关联。设计师在灯光怪异、色彩明亮的室内设计中有意选用"劣等品位"的设计，超乎寻常地将完全不相称的物体并置在一起，这取自达达主义（Dadaism）和超现实主义的风格。先前超现实主义的支持者们，例如评论家马里奥·阿马亚（Mario Amaya）和乔治·梅利（George Melly）等，现如今都被深深地卷入波普的浪潮中。这也印证了美术对于可以取代建筑的更好选择的室内设计所具有的恒久重要性，这一点曾受到阿基格拉姆运动的质疑。当房间成为一种环境、一个事件，抑或是一幅绘画作品时，也就不存

160. 栖居商店，伦敦，1972年，由20世纪70年代早期设计师特伦斯·康兰创办，康兰的店铺设计意在打造一种安静、雅致且商业化的现代主义风格

在所谓的建筑要素了。在波普风格的室内设计中，壁画是其重要特征之一，乔治（George）和彼特·哈里森（Patti Harrison）曾邀请由设计师与艺术家组成的荷兰设计团队——愚人（Fool），在一处名叫"伊舍小屋"（Esher）的小建筑内的壁炉上方绘制一幅能使人产生幻象的圆形壁画。

到20世纪60年代中期，随着环境问题日益受到关注，这一对比强烈、五光十色的色彩随着60年代的结束而逐渐趋于低调。当一套人为的另类规则形成时，一种基于精神与政治双重意义的崭新的意识形态开始成为青年文化的特征。在经历了1968年的变革与学生抗议运动及"托雷峡谷号"（Torrey Canyon）油轮海难①等一系列事件之后，年轻人不再一味地崇尚科技，而是选择像"嬉皮士"那样的方式来抵制西方的传统价值观念。

在室内设计方面，很重要的一点即是通过住宅布置表现个人的价值观念。一些人放弃固定居所而追求一种完全自由的游牧式生活，更加喜欢大篷车或者帐篷式建筑。在固定的住宅里，则引进了来自第三世界国家的工艺品，特别是来自印度的天然材料、炉火、蜡烛和带有图案的纺织品及墙纸等。斯图尔特·布兰德（Stewart Brand）1968年编撰《全球目录》（Whole Earth Catalog）一书提供了一系列生态型物品。房间逐渐成为个人意识的政治表现，而在过去，房间不过是纯粹地表现主人的趣味罢了。《地下空间：为另类生活方式而装饰》（Underground Interiors: Decorating for Alternate Life Styles, 1972）一书表明了这种设计趋势。在书中，作者将这种反传统的室内空间描绘成"对陈旧的装饰概念与老套的生活方式的探索——探索与艺术、政治和新闻方面最新发展密切相关的新居住环境，而艺术界、政治界和新闻界都采用'地下'这一名称，将自己与以往已建立起来的传统模式区别开来"。无论是激进时尚（radical chic）、太空时代还是超现实主义，这些元素或概念都是反传统风格的室内装饰。

---

① 1967年在英吉利海峡触礁，约十万吨原油泄漏造成严重污染及惨重损失。——译注

一家名为"栖居"（Habitat）的新型商店迎合了大众渴望回归自然的心态。这家商店由英国著名设计师特伦斯·康兰创办。康兰于1964年在伦敦开设了第一家店铺，为中产阶级市场提供优质的基础设计。康兰在20世纪70年代早期，针对当时的生活方式而设计的鸡形砖、灯芯草席和榉木家具（以山毛榉为原材料）成为当时的标准。商店本身的设计就具有一定的影响力，店内墙壁刷成白色，地板铺上棕褐色的方砖，成批的商品陈列使得空间让人感觉如同仓库。值得一提的是，"栖居"也经营经典的现代主义风格的椅子，这意味着当时的品味正渐渐远离生机勃发的60年代主流。随着经济逐步衰退，年轻的消费族群开始对60年代这种自由、放肆而又无常的设计风格产生排斥心理。

在20世纪末的室内装饰设计中，持续时间最长的便是环保设计，或者说绿色设计。这一名称最早出现在70年代早期的德国，具有非传统意味且代表着对自然资源采取一种谨慎的方式。"绿色运动"最初受政治少数派的驱动，并借助消费者的力量而产生。美国设计师维克多·巴巴纳克（Victor Papanek, 1927 ~ 1998）所著的畅销书《为真实世界而设计：人类生态与社会变革》（*Design for the Real World: Human Ecology and Social Change*）于1972年首次出版，书中对西方设计实践进行批判，特别是不合时宜的嵌入式家具设计，并提倡设计应竭力满足消费者"所需"而非"所想"。该书在设计团体及组织机构中都引起了轩然大波。

直到20世纪80年代中期，随着环保立法的加强和科学研究的发展，绿色设计及绿色政治终于有机会彰显其有别于传统的思想理念，绿色设计也因此成为部分室内设计的主流，并发展为颇具特征的消费模式。日常垃圾的回收过程逐渐得到规范，消费者开始追求环保型产品。这样一来，"绿色问题"受到普遍关注的同时也对全球范围的生产商产生了影响。例如，发生在1989年3月的"瓦尔迪兹号"漏油

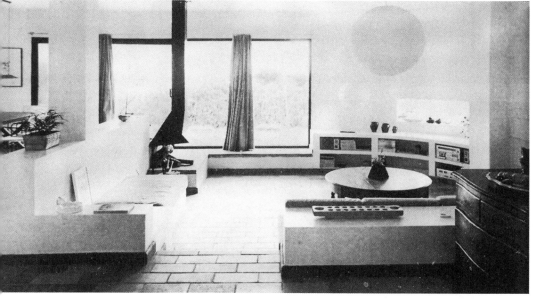

161. 哈维尔·巴尔巴：拉凡雷丝的半掩埋式别墅，卡塔朗亚境内马拉斯密区，西班牙，1984～1986年。室内主生活区的设计核心围绕着节能的特点，例如南向的弧形开窗以及保暖的地砖等

事件（Valdez incident）对于野生动物来说便是一场巨大的生态灾难①。由此催生的《瓦尔迪兹条例》（*Valdez Principles*），由环境责任经济联盟（CERES, The Coalition for Environmentally Responsible Economies）制定，这是一个由环保主义者和关注社会道德的投资机构共同组成的多边环保组织。该条例包括对生物圈的保护、垃圾的减少与恰当处理、自然资源的可持续利用及能源保护等多项内容。

　　绿色设计有效地利用自然光和能源对室内装饰所采用的材料类型、如何利用空间创造更为环保的环境，都起到过积极的作用。例如，哈维尔·巴尔

---

① 1989年，埃克森公司的"瓦尔迪兹号"油轮在阿拉斯加海湾触礁，一千万加仑原油流入海中，造成700英里海岸线遭受严重污染。

162. 左图，尼尔斯·托尔普：斯堪的纳维亚航空公司总部，斯德哥尔摩附近，瑞典，1988年。这一设计趋势旨在提供一种更有利的工作环境，例如这些新型办公大楼，中庭的空间得到广泛使用

163. 右图，梅特卡夫与凯斯·康登·佛洛伦斯设计事务所：宾夕法尼亚健康保险集团（PHICO）总部，宾夕法尼亚州，美国，1976年。装饰阳台的自然绿植加强了中庭营造的氛围

巴（Javier Barba，生于1949年）设计的拉凡雷丝别墅（The House in Llavaneres，1984～1986）——一座位于西班牙卡塔朗亚境内马拉斯密区（Catalunya）的住宅建筑。这座房子被部分地掩埋在山坡上，覆盖在屋顶上的草皮一直延伸到花园，巧妙地将房子与外界隔离开来；主起居场所的一大特征便是有一扇曲面的朝南窗户，可以充分接收阳光并利用太阳能，地板铺砖有助于保持热量。这种室内设计体现了设计者对环境，尤其是能源保护与利用的考虑。自从20世纪80年代出现"病楼综合征"之后，室内设计面临的不仅是对有限资源谨慎处理的问题，更重要的是要创造更加有机和健康的工作环境。室内空间要有良好的通风系统和自然光源，并应当对有害物质的使用加以控制，这些都成为工作场所设计的首要任务。在一些办公空间设计领域，新建的知名项目以位于瑞典斯德哥尔摩附近的斯堪的纳维亚航空公

62

司总部（Scandinavian Airways, 1988）为代表，其设计师为尼尔斯·托尔普（Niels Torp, 生于1940 年）。这类室内项目屡次采用中庭设计，拥有良好的照明环境。办公室或面向外部景观，或可以俯瞰中央空间，员工在工作时也能享受自然光的沐浴。同时，此设计有助于员工们在穿梭于主通道时增加沟通和交流。将外部环境引入室内空间的中庭设计，是绿色设计的另一项重要特征。

63

　　美国宾夕法尼亚健康保险集团（PHICO, Pennsylvania Health Insurance Company, 1976）总部的中庭设计特征有所不同，即在可以俯瞰中央地带的阳台上装饰

164、165. 左图，弗兰克·盖里：圣莫尼卡宫，加利福尼亚州圣莫尼卡市，美国，1979～1981 年。购物中心的设计借助中庭的使用，配以喷泉和绿化作为补充元素，以创造令人如临室外庭园的感受。右图，村上隆之与米拉·洛克：周末疗养院，日本那须，1999 年。环绕着一株山樱花树建造的中心庭院，其室内弱化了自然与人居间的距离

了青枝绿叶。同样地，在一些大型超市里，比如弗兰克·盖里（Frank Gehry，生于 16
1929年）设计的位于美国加州南部圣莫尼卡市的大型商业广场圣莫尼卡宫（Santa
Monica Place, 1979～1981），将巨大的树木放置其内部空间。在家居装饰方面，与
建筑的内部空间和谐一致的相似的自然主题。也是"绿色设计"的一部分由日本设 16
计师村上隆之（Takayuki Murakami）与米拉·洛克（Mira A. Locher）设计的位于
日本那须（Nasu, Japan）的"周末疗养院"（Weekend Retreat, 1999），就是围绕一
个中庭而设计的，中庭中种植了山地樱桃树。墙壁用赭色石灰、干草和沙的混合物
进行处理，不但与樱桃木地板和裙线饰面形成对比，也增添了居所独有的朴实素雅
之感。英国建筑师比尔·邓斯特（Bill Dunster，生于1960年）为自己设计的住所，16
其主要特征是在房子的南立面设计了一间三层高的玻璃温室，可以借助太阳能获取
热量，种植各种植物和蔬菜，这可谓是一处环境宜人的生活空间。

家居用品零售商也将绿色设计标准运用到他们的商品设计上。考虑到在全球范
围内备受关注的森林退化问题，1989年，栖居商店停止销售热带硬木制作的家具，
取而代之的是采用来自印度尼西亚的再生藤条为原材料的藤木家具。1993年，来
自瑞典的家居用品零售业巨头——宜家（IKEA）收购了栖居，这两家商店虽原属
于同一个创立者，却各自独立经营。如今的宜家已经是一家全球性连锁机构，涵盖
从中档到低档商品，在全世界范围内拥有一百多家门店，包括德国的二十五家、北
美的十五家以及英国的十家。同样地，他们也都遵循绿色设计原则，只选用环保材
料。例如，宜家的设计，拒绝采用含镉材料，因为这种重金属不但有害而且不可降
解。同时，宜家还销售用有机棉和亚麻原料制作的室内陈设品。

将商场设置在城镇边郊的宜家，在其超大规模的卖场内，通过对空间的精心
布置，展示了物美价优的产品，是一个成功典范。一家以哥本哈根为基地的咨询公 16
司——百利金公司（Pelikan）扮演了一个设计实验室的角色，创造出富有冒险精神
的设计。宜家的成功，部分源自它与消费者之间建立起的互动关系。卖场针对不同
的消费群提供了符合其个性的各种产品类型，并提倡一种"自己动手"的精神，从

166. 比尔·邓斯特：希望之家，东莫尔西，萨里，1993年。业主自行设计的居所的特点在于高效节能，植物得以在一座三层高的玻璃温室内生长

而刺激人们的需求。例如，英国的宜家门店提供配有定制家具设备的十二款厨房，不但定价合理，且在款式风格上既有呈现出光泽感的现代版，也有注重传统木质工艺的怀旧版。同时，卖场还鼓励消费者使用他们推销的材料，它的广告词是："为什么宜家木门的价格都如此便宜？一个重要原因就是消费者可以把产品带回家自行组装……这是最适宜周末独自在家时的工作。"在20世纪晚期，室内设计发展中最显著的趋势之一，是消费者自行扮演设计师角色，从而追求个人空间的个性化布置，宜家的卖场形式就很好地利用了这一点。同时，一些书籍、杂志和电视节目等也都相继推广了这种形势，其中最为著名的有英国广播公司（BBC）制作的节目——《交换空间》（*Changing Room*）。在该节目中，两批邻居或亲朋好友各自由

一名室内设计师带队，并在全程监督下重新装修彼此住所中的一个房间。参加者介于业余爱好者与专业人员之间，他们在紧张的竞赛中碰撞出许多火花，充满乐趣，每个人都竭尽所能地使空间适合于居住者，并表达出个人品味与个性。

到了 20 世纪 90 年代，全球化激发了人们对室内设计品位及热情的表达。新科技的发展加快了信息传递的速度（尤其是互联网），国际旅游业的迅猛发展极大地提高了公众对设计式样和设计伦理的认知程度，甚至连日本的风水（Feng Shui）艺术，即按照禅宗原理布置空间的理论，也被广泛地应用到家居和商业室内设计领域。

设计，在今天是一项更为大众化的概念，消费者对于室内设计的过程具有更加直接的兴趣。自 20 世纪 70 年代初以来，室内设计已经成为独立于建筑师之外的专业领域，并且凭借自身发展成为一项职业：室内设计再一次被定义为一项与消费者有着直接关系的重要工作。此外，即便室内设计不能永恒维持，它也在某种程度上反映居住者的一些品质与性格。室内设计中，个人意识的增长已经证明了室内设计可以拥有无数种风格类型，并且从 20 世纪 70 年代初之后，这些风格对后现代主义美学（Post-Modern aesthetic）的诞生做出了十分重要的贡献。

167. 宜家Appläd定制厨房设计，2000年。通过简单而时尚的组装设计，瑞典家具业巨头积极地为消费者提供环境友好型的产品

第 8 章 |

后现代主义时期

20世纪70年代初，现代主义运动的成就在很大程度上遭到质疑。如同建筑领域一样，室内设计领域也出现了一种新的多元化态势，这表明所谓的"优良设计"不再按照一种公认的标准进行评价衡量。室内设计在零售业革命中所产生的主导性影响，以及人们对于家居装饰不断增长的浓厚兴趣，都驱使它走在了公众设计意识的前沿。在英国和美国，一部分社会群体日趋繁荣，尤其是年轻的职业中产阶级，引领了回归传统主义和复古风格的潮流。由此，原本倡导大胆进行设计实验的60年代风潮消退了，取而代之的是一个回归复古和开支紧缩的时期。

并非所有20世纪70年代的室内设计都与现代主义相悖，如"高技风格"运动（High-Tech）赞颂的便是工业生产美学。早在1925年举办的巴黎世博会上，勒·柯布西耶就曾把钢铁支架、办公家具和厂房建筑地面材料引入到家庭装修中。建筑师成为这种风格形成的关键因素。1977年，理查德·罗杰斯（Richard Rogers, 生于1933年）与伦佐·皮亚诺（Renzo Piano, 生于1937年）合作，设计了最早的高技风格建筑之一——巴黎蓬皮杜艺术中心（Pompidou Centre, 1977）。在这件作品中，所有建筑的结构装置均被醒目地暴露在建筑体外表，内部没有过多别出心裁的

168. 理查德·罗杰斯，劳埃德大厦的中央天庭，伦敦，1978～1986年。诸如自动扶梯等的基本
设施，都被用色彩加以强调

变化，室内空间仅由具有移动式隔断的工作间组成。与蓬皮杜艺术中心一样，罗杰斯的另一件作品，伦敦的劳埃德大厦（Lloyd's Building, 1978 ~ 1986）在设计上同样具有灵活性，以便将来进行扩建。空间的内部核心围绕着一个十二层楼高、带筒状拱顶的中庭，这样的中庭设计在后来被许多办公建筑广泛地效仿。罗杰斯将"卢廷大钟"（Lutine Bell）[①]作为底层空间的视线焦点，成功地实现了新旧元素的结合。

　　1975年，建筑师迈克尔·霍普金斯（Michael Hopkins）为自己设计的位于伦敦汉普斯特德的住宅，其内部空间均由钢结构组成，仅仅借助百叶帘划分与界定各个区域。由琼·克洛（Joan Kroa）和苏珊娜·施莱辛（Suzanne Slesin）共同编著的《工业风格家居资料集》（*The Industrial Style and Source Book for the Home*, 1978/9），细致地描述了现代家庭如何运用商业化生产线的产品布置家庭空间，该书登载的许多室内图片均来自设计师约瑟夫·保罗·迪尔索（Joseph Paul D'Urso）位于纽约的公寓。迪尔索在室内采用了医院式设计风格，如安放了通常是外科医生使用的不锈钢洗涤槽，用金属围栏分隔室内空间，甚至连门的样式也与医院使用的如出一辙。

　　尽管勒·柯布西耶在他设计的1925年巴黎世博会的新精神馆中采用了类似的手法，但是高技风格的出发点却完全不同：勒·柯布西耶意在挑战个人主义和少数上流社会精英阶层的所谓"装饰艺术"，在他看来，制作精良兼具实用价值却不入时尚的批量生产的工业产品也应被室内设计采用；而高技风格的目的却是从晦涩甚至是难以理解的元素中汲取灵感，创造出令人惊叹的雅致空间。这种手法并不包含社会改革的元素，但也体现了人们对工作与家庭环境态度的转变。

　　自19世纪以来，这两个领域就已经存有差异并分化了：以女性活动为主导的住宅领域，曾被看作舒适和高尚的精神殿堂，更是远离工作场所的庇护所。但是，随着高技风格运动的发展，厨房里装上了取自工厂的构架，办公室用于文件归档的

[①]　大厦是伦敦劳埃德保险公司的所在地，当宣告有船舶失事或某误点船只到达时，该钟才敲响，是保险公司传统的象征物。——译注

169. 约瑟夫·保罗·迪尔索：设计师自己的公寓设计，他用钢丝网的围篱分隔空间储存衣物，纽约，20 世纪 70 年代中期

橱柜及金属质地的楼梯和地板也相继进入家居空间，住宅环境变得越来越像工作场所。早在维多利亚时代，中产阶级就曾效仿上流社会，通过室内设计骄傲地彰显他们安逸闲适的生活方式，工作是被拒之门外的。历经了一段失业时期后，这种情况得到改变，工作用具成为身份地位的标志。此外，由于现代女性对事业的追求，因此，高技风格有意营建一种在功能上体现高效率的居家环境，这也是部分地出于对工作地点离家较远的女性的考虑。

20 世纪 70 年代，栖居商店发布了高技风格的全深色极简式家具，令这一趋势获得了巨大的销售市场。到了 80 年代，这种风格变得更加精简，并结合了当时的工业制品的可回收技术，成为极简抽象艺术家的高档室内装饰的时尚。罗恩·阿拉德（Ron Arad, 生于 1951 年）收集废弃汽车的座椅，将它们改造成家用座椅，并在自己位于伦敦的"一次性"（One-Off）商店内出售。他还在室内设计中运用工业材料，如位于伦敦南莫尔顿大街的商店——芭莎（Bazaar, South Molton Street,

170. 迈克尔·霍普金斯：建筑师位于伦敦汉普斯特德的住宅内的用餐区。百叶帘的结构过滤了与起居区间的视线与光线

1985～1986），店内采用混凝土浇筑材料，标志着新野兽派（New Brutalist）的回归，即刻意在室内运用粗糙、起伏肌理的材料。具有裂缝的巨大混凝土厚板悬挂在生锈的缆索上，每根挂衣服的横杆都架构在由混凝土浇筑成形的轮廓体上，蓄意营造出一种破败感与颓废感，这样的室内装饰被称为"后衰败主义"风格（Post-holocaust）。

20世纪80年代的设计师本·凯利（Ben Kelly, 生于1949年），在设计中也采用了工业美学理念，如位于曼彻斯特的"庄园"夜总会（Hacienda, 1984）和皮克威克服装公司总部（Pickwick Clothing, 1989）的设计。1987年的伦敦，一群设计师聚集于"手工艺联合会美术馆"（Crafts Council Gallery），共同策划举办了一场博览会。

在新精神馆（The New Spirit）中，设计师展出了用废旧的电线、砖石和生锈的金属组装家具，以此向安德鲁·迪布勒伊（André Dubreuil）和汤姆·狄克逊（Tom Dixon）等设计师提出的被公认的关于"舒适"和"品位"等概念发起挑战。

20世纪80年代期间，高技风格运动已发展为一种冷峻、超简约的风格。与罗杰斯同时代的设计师诺曼·罗伯特·福斯特（Norman Robert Foster, 生于1935年）就在其多件作品中体现了高技美学的运用，如香港汇丰银行大厦及位于伦敦布朗普顿大街的凯瑟林·哈姆内特商店（Katharine Hamnett, 1986）的室内设计。哈姆内特商店原是19世纪遗留的仓库，约有两层楼高，内部设计上除了一些随意摆设的金属衣架之外几乎空无一物，总体上保留着空旷的感觉。福斯特还在墙体两边安置了镜子，长度从地板一直延伸至天花板，创造出一种遥无止境的空间幻觉。正如阿德里安·丹纳特（Adrian Dannatt）在1989年所评述的，"80年代晚期，我们已经见

171. 诺曼·福斯特设计事务所：凯瑟林·哈姆内特商店，南肯辛顿，伦敦，1986年。一座昏暗的玻璃桥，穿过一条通道而呈现在一片空阔纯净的白色空间之中，两边的镜面墙壁反射着店内的顾客

172、173. 罗恩·阿拉德：左图，芭莎服装店，伦敦，1988 年。借助于真空吸尘器和颗粒填充的塑料垫形成模型表面印痕，场景模仿出用混凝土浇筑两个工人模样的模型和背景帷幕的工作现场，其中的人物造型既做橱窗陈列之用，亦成为挂衣横杆的支撑物。右图，1982 年，来自罗孚（Rover）汽车的再生座椅，这种形式首次推向市场后，英国随即掀起了家具再生运动

174、175. 左图，埃娃·吉里克娜，吉里克娜－克尔事务所（Jiricna Kerr Associate）：乔家咖啡馆，伦敦，1986 年。右图，维格尼利事务所：建筑师自己的工作室设计，纽约，1985 年。值得关注的是对特殊材料的独到运用，例如蜡铅和镀锌钢材等。而其主要灵感源自唐纳德·贾德和理查德·塞拉的雕刻技术。模压塑料和钢质的家具，是特别为该工程开发的，并由诺尔公司制造

证在形式上经过修改的国际现代主义正在得到复兴、发展和巩固，其作为室内装饰的手法，通过冷酷的排斥而不是赞美的方式来对待城市生活的压力。只是，这种手法的纯粹性容易变成一种俗套，那种'永恒'的外观会被认定为20世纪80年代的'永恒'风格"。出生于捷克斯洛伐克的现代建筑师埃娃·吉里克娜（Eva Jiricna，生于1939年），在她设计的伦敦乔家咖啡馆（Joe's Café, London, 1986）和约瑟夫商店（Joseph Shops）中，都采用了工业材料，如铝、粗糙的深色镀层及紧绷的钢绳等，刻意营造出一种节制的但却低调的风格，这种设计现今仍被广泛效仿。维格尼利事

17

176. 迈克尔·格雷夫斯：皇冠美国大厦休闲区域，宾夕法尼亚州约翰斯敦，1989年。格雷夫斯用自己设计的柜子、桌子和地毯，复兴了约瑟夫·霍夫曼的扶手椅的创意

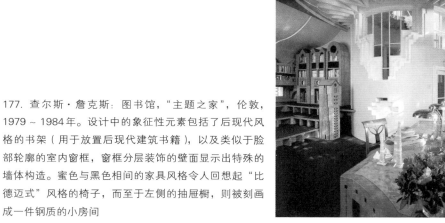

177. 查尔斯·詹克斯：图书馆，"主题之家"，伦敦，1979～1984年。设计中的象征性元素包括了后现代风格的书架（用于放置后现代建筑书籍），以及类似于脸部轮廓的室内窗框，窗框分层装饰的壁面显示出特殊的墙体构造。蜜色与黑色相间的家具风格令人回想起"比德迈式"风格的椅子，而至于左侧的抽屉橱，则被刻画成一件钢质的小房间

178. 马里奥·贝利尼：阿苏特拉汽车，一辆合成的汽车座位装置，展出于"意大利：崭新的家居风采"博览会，纽约，1972年

务所（Vignelli Associates）① 为自己设计的纽约工作室，同样注重简约风格，热衷于使用非同寻常的材料，如在墙上覆盖铅层，利用电镀瓦楞金属板分隔服务区与设计工作室等。戴维·戴维斯（David Davies）在连锁商店 NEXT 的设计中，也对轻质木料、浅灰色泽及镜子加以综合运用，创造出整洁、空旷又不失高雅的购物环境，对商店、建筑群和银行的外观设计起到了革新作用。这种极简风格仍然归因于现代主义带来的影响，它在总体上与这一时期的主流运动，即过分注重细节装饰的后现代主义形成鲜明对比。

　　与高技风格一样，后现代主义也是建立在建筑实践基础之上的。美国建筑师罗伯特·文图里（Robert Venturi, 生于 1925 年）的首部著作《建筑的复杂性与矛盾性》（*Complexity and Contradiction in Architecture*, 1966），可谓是早期针对这一论题的论著。书中表达了对现代运动的不满情绪，认为建筑师应从历史上的著名风格和具有直接视觉冲击性的大众文化中，受到些许的启示和教育。这种观点在《向拉斯维加斯学习》（*Learning From Las Vegas*, 1972）一书中有更为详尽的论述，文图里对"建筑师之椅"（Architectural Chairs）进行了栩栩如生的描绘。从侧面角度，这些椅子的轮廓几乎一样，正面却不拘一格。有的椅子色泽明亮，呈现以日出为主题的装饰艺术风格；也有搭配了垂吊装饰的谢拉顿椅（Sheraton）；此外还有其他不同式样的椅子，都装饰有各种经典细节。建筑设计师迈克尔·格雷夫斯（Michael Graves, 生于 1934 年）设计的位于美国俄勒冈州波特兰市的公共服务大楼（Public Services Building, Portland, Oregon, 1982），以及为意大利孟菲斯集团（Memphis）设计的家具，也对美国后现代主义的兴起起到了推波助澜的作用。

　　建筑理论家查里斯·詹克斯（Charles Jencks）的著述《后现代建筑语言》（*The Language of Post-Modern Architecture*, 1977），将后现代主义引领到一个更加宽泛的

---

① 由出生米兰，后移居纽约的设计师马西莫·维格尼利（Massimo Vignelli）创建的设计公司。——译注

179. 乔·科伦波："家具单元总汇"，展出于1972年的展览会上。该套组件满足了人类最基本的四大日常生活需求：厨房、浴室、食物橱以及"床与私密性"部分（左），并配有一个内置式隐藏橱柜及可基于白天或夜间需要而使用的抽拉式家具

文化背景之中。他借助语言结构分析[1]，进行解析与创作。他在英国和美国设计了一些住宅，如他为自己设计的位于伦敦荷兰公园的"主题之家"（Thematic House）。在室内布置上，他将会客室与卧室集中设置在一个封闭的螺旋形楼梯的四周；室内的家具设计，詹克斯有意识地处理了以往的建筑风格的象征意义，亚兰设计公司（Aram Designs）把它们作为"具有象征性意义的家具"（Symbolic Furniture）进行出售。在不同的房间，他利用过去的各种不同风格，如埃及式、哥特式风格等，体现不同的时期。在阅览室，家具均依照19世纪流行于德国的比德迈式样（Biedermeier）[2]进行设计，而书橱的顶部细节却采用了不同风格的建筑元素。

----

[1]　由瑞士人弗迪南·德·索叙尔（Ferdinand de Saussure, 1857 ~ 1913）提出，而后在法国被语言学家路易·阿尔图塞（Louis Althusser）采用的符号学方法。

[2]　德国19世纪的一种保守的装潢风格。——译注

180、181. 孟菲斯设计团队与阿布拉克萨斯：左图，起居室，新加坡，1986 年。家具包括了由马泰奥·图恩设计的阿斯托利亚椅、阿尔多·契比克设计的阿特拉斯桌（位于画面中心处），以及詹姆斯·埃文森与马丁·贝丁合作设计的灯具。针对特制的针织毛毯与圆柱运用颜色，而将所有元素联系在一起。墙上的油画则出自一位为索特萨斯设计公司工作的平面艺术家。右图，埃托雷·索特萨斯设计：卡尔顿房间的隔断，1981 年

　　意大利设计在后现代风格的室内设计的产生过程中扮演了十分重要的角色。20 世纪 60 年代末，一小部分先锋派（avant-garde designers）设计师逐渐对华而不实的意大利设计产生沮丧与不满之情。1972 年，纽约现代艺术博物馆举办了一场颇具影响力的展览——"意大利：崭新的家居风采"（Italy：The New Domestic Landscape）。展会展出了一件由激进派主流设计师埃托雷·索特萨斯（Ettore Sottsass, 生于 1917 年）、马里奥·贝利尼和乔·科伦波（Joe Colombo, 1930～1971）共同设计的作品——"袖珍空间"。有关住宅环境与现代主义的理念，在当时已被大众所认知，而这件作品却向这一理念发出了挑战。马里奥·贝利尼设计的阿苏特拉（Kar-a-Sutra）汽车，由一个顶部和侧面透明的亮绿色车厢构成。索特萨斯和科伦波受航天旅行的启发，设计了具备不同功能的应用模块，居住者只要将模块进行重组便可更加灵活地使用。1979 年，亚历山大·门迪尼（Alessandro Mendini）继任吉奥·庞蒂的《多姆斯》主编职位后，在米兰成立了阿卡米亚工作

17

17

室（Alchymia），索特萨斯也加入进来，不过他在1981年便组建了自己的团队——孟菲斯设计团队（Memphis Group）。

同年，孟菲斯团队在米兰家具交易会（Milan Furniture Fair）上首次举办了公开展览。从此以后，这个组织开始对室内设计产生巨大的影响。他们依照后现代美学观进行设计创作，嘲讽所谓的"优雅品位"——这在意大利是与现代主义密切相关的代名词。在他们设计的家具表面，常覆盖着一层带有明亮图案的塑料装饰板；在设计中，他们从大众文化中汲取灵感，意在使设计成为大众消费的一部分。索特萨斯的家具设计诙谐、大胆、充满趣味，他为1981年的米兰交易会设计的卡尔顿房间隔断（Carlton room–divider），表面覆盖了模拟大理石效果的色彩明亮的塑料层压板，并呈现出非传统的形状，以此挑战大众公认的储物家具概念。孟菲斯团队在设计中常用超乎常规、不成比例的做法，采用与家具风格格格不入的形式，如梅田（Umeda）设计的以拳击围栏（boxing-ring）为基础元素的座椅装置，这套作品的其中一件被时装设计师卡尔·拉格菲尔德（Karl Lagerfeld）购得。1985年，卡尔·拉格菲尔德在装修其位于蒙特卡洛（Monte Carlo）的住所时，听从了法国装饰家安德莉·普特曼（Andrée Putman）的建议，从两批最早的孟菲斯产品中购得这件家具并用于公寓装饰。在装修过程中，公寓的墙面全部被粉刷成暗灰色，其目的正是为了突显家具在视觉与空间构成上的主导作用。

孟菲斯设计的魅力在于它能在瞬间吸引人们的注意力。尽管最初它是一种家具设计风格，却同时对美国、日本及整个欧洲的室内设计产生了广泛的影响。该组织的英国成员乔治·索登（George Sowden）所设计的外观图案被广泛效仿。例如在20世纪80年代期间，主流商店和快餐店的内部装饰就采用了他的图案设计。基于50年代大众文化背景下的图像设计，意大利的后现代主义设计显然蕴含着某种挑战意味。

法国的室内设计，从60年代开始就流行着文艺复兴的风格。安德莉·普特曼除了为时尚大师卡尔·拉格菲尔德设计项目之外，还设计了巴黎文化部部长

182. 罗纳德·塞西尔·斯波提斯：起居室，密特朗总统的私人公寓，爱丽舍宫，巴黎，1983 年。值得关注的是斯波提斯的钢丝网椅（中间）

的办公室（Minister of Culture, 1985）。在这个经典的法式设计中，细木护壁板（boiserie）、枝形吊灯、窗户处理等都经过精心设计，与外形呈鼓状的后现代风格的椅子、半圆桌以及高技风格的灯具相对比，产生了戏剧化的效果。80 年代，法国的室内设计之所以得到蓬勃发展并取得成功，离不开法国官方对后现代设计的支持。1983 年，共和国总统弗朗索瓦·密特朗（François Mitterand）任命几位主要的年轻设计师设计位于爱丽舍宫（Elysée Palace, 法国总统官邸）的私人公寓，设计师包括让－米歇尔·维尔莫特（Jean-Michel Wilmotte, 生于 1948 年）、菲利普·斯塔克（Philippe Starck, 生于 1948 年）及罗纳德·塞西尔·斯波提斯（Ronald Cécil

183. 安德莉·普特曼：受托于法国文化部部长杰克·朗的官方项目，巴黎，1985年。光滑耀眼的金色家具与镀金镶板装饰形成鲜明对照

Sportes, 生于 1943 年）等人。在这座传统宫殿中，设计师运用了后现代的装饰手法，受 20 世纪初的维也纳风格、装饰艺术和高技风格的启发，创造出一种兼具古典与现代风格，令人倍觉振奋的空间氛围。法国的室内设计师在日本也获得了成功。玛丽·克里斯蒂娜·多尔内（Marie-Christine Dorner, 生于 1960 年）自 1984 年起与维尔莫特一同工作。1985 年，她为日本 Idée 家具公司设计了十六件后现代风格的系列家具，此外还设计了位于日本小松市（Komatsu, 日本本州岛中西部城市）的两家时装店以及一家位于东京的咖啡馆。

在英国，以黛娜·卡森（Dinah Casson, 生于 1946 年）为代表的设计师已经将后现代风格运用得娴熟自如。例如，位于伦敦国王大道的格兰冰淇淋店（Gran Gelato），通过全然不同的图案设计，结合意大利后现代主义的强烈色彩，充分展现了室内空间的诙谐特征。建筑师泰瑞·法瑞尔（Terry Farrell, 生于 1938 年）运用后现代主义美学理念设计了 TV–AM 大厦（TV-AM Building），其家具均经过精心设计，意在与室内空间的氛围达到和谐互补。

在美国和英国，后现代主义的一项显著特点，便是对传统设计采取开放的态度。从文图里、詹克斯和孟菲斯的设计中不难发现，后现代主义的主旨即是为打破现代主义运动的局限而拓宽设计。在此推动之下，英国建筑师如昆兰·特里（Quinlan Terry）和罗伯特·亚当（Robert Adam）等都采用乔治式（Georgian-style）办公室及家用建筑风格。对于这些建筑师而言，现代主义不过是在漫长的古典建筑历史长河中的一首短暂而令人遗憾的插曲罢了。

传统价值的回归，使得复古主义重新兴起于大西洋沿岸各国的室内设计领域。古典建筑的设计法则，纵然启发过伊迪丝·沃顿和美国传统装饰设计师亨利·帕里什二世（Henry Parish II）等人，却也从未像现在这般流行。19 世纪的装饰绘画技术，如大理石花纹的加工、滚辊压花和模板印刷等技艺成为一种时尚。对于无法负担成为室内装饰师所需要的昂贵费用的这部分人，随处可见的各类培训课程、教学用书、电视节目甚至杂志等，满足了业余爱好者的需求。乔卡斯塔·英尼斯

184. 泰瑞·法瑞尔：TV-AM 大厦接待区，伦敦，1983年。夸张而经典的细节与后现代主义椅子的诙谐风格相映成趣

（Jocasta Innes）在她的著作《绘画的魔力》（*Paint Magic*）一书中，将装饰绘画方法介绍给更多的公众。从事成衣零售的大型商家，如玛莎公司（Marks & Spencer）等也开始涉足家居用品市场，并采用与英尼斯（Innes）一样的做法，将最初得益于科尔法克斯与福勒公司（英国最早的墙纸面料设计公司，是英式风格最好的代表）产品推广的英国乡村住宅风格推广到更广大的市场之中。在这样的市场背景之下，住宅外观成为首等大事，部分归因于财富的激增，部分是由于从事户外工作的女性数量的增加。于是，随着生活水平的提高，家庭有了更多可用于房屋装饰的可支配费用，许多家庭主妇首先考虑的便是怎么花钱布置房间。

室内设计传统也以一种更具想象力的方式影响着设计师。奈杰尔·科茨（Nigel Coates，生于1949年），通过将19世纪折中主义风格的范例用于室内设计，来颂扬"欧洲衰落"的壮丽。作为建筑师协会学生所熟知的社团——当代建筑叙事协会（NATO, Narrative Architecture Today）[①]的领导者，奈杰尔·科茨在1983年举办了一次标新立异的展览，展出了他所收集的一些随手捡到的器物和自由形态的图画，这些所体现出的建筑结构，并不是通常在清晰的计划方案和模型中展现的那样。科茨设计的伦敦公寓（1981），采取隐喻的建筑手法，同时表现了不同时期的风格与艺术的衰变，使得建筑成为设计师有意表现自我意识的舞台。

该公寓的照片被刊登在日本《Brutus》杂志上，结果，1986年奈杰尔·科茨受邀设计东京京华国际酒店（Metropole Hotel, 1986）。科茨在酒店设计中，利用古典

185. 奈杰尔·科茨与陈施羽（音译）：邦戈咖啡馆的室内空间，东京，1986年。此处被设计者称为"戏剧形象咖啡馆"，其室内空间融合了"从古罗马庞贝城、20世纪50年代的意大利，到现代东京的叙事表征"。机翼状阳台造型与斜柱共同支撑起精美的古典风格的雕像。还有许多欧洲艺术家与设计师创作的作品，其中也包括安德鲁·迪布勒伊的吊灯作品

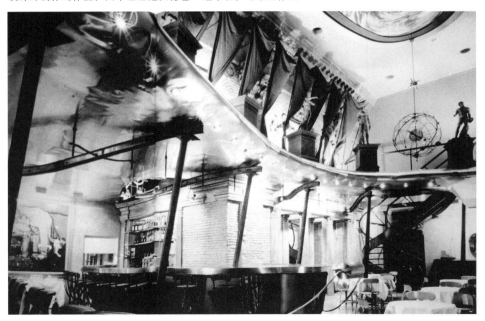

①　成立于1983年的一个激进的建筑专业学生社团。——译注

柱式、垂花装饰和错视绘画等元素及手法，营造出一派伦敦绅士俱乐部的氛围，如此夸张的设计完全脱离了传统意义上的"酒店"的概念。无独有偶，鲍威尔－塔克（Powell-Tuck）、康纳（Connor）和奥雷费尔特（Orefelt）等人也以富于表现力的绘画和反常的历史主题作为创作源泉。1985年，通俗艺术倡导者马尔科·皮罗尼（Marco Pirroni）邀请戴维·康纳（David Connor）为自己位于伦敦的公寓设计入口大厅，这项设计几乎可以被看作一件三维艺术作品，其灵感来自表现主义电影《卡里加利博士的小屋》（*The Cabinet of Dr Caligari*）中的背景。

186. 德国贝尼施及合伙人事务所：楼梯顶部与坡道，斯图加特大学太阳能研究所，1987 年

187. 黑川纪章：广岛当代艺术博物馆内的餐厅，1988年

　　作为反抗主流现代主义的表现之一，一些室内设计师不论其自身是否受过建筑方面的专业训练，都倾向于选择纯艺术与文学作为他们设计的灵感源泉。1988年，现代艺术博物馆举办了展览——"解构主义建筑"（Deconstructivist Architecture），同年在伦敦泰特美术馆（Tate Gallery）举行的解构主义研讨会，引发了解构主义运动（Deconstructivist Movement）。这次运动以法国作家雅克·德里达（Jacques Derrida, 1930～2004）的文学理论为基础。这一理论在室内设计上的应用便是将组成室内空间的各个元素——拆解。美国塞特工程有限公司（American SITE Projects, Inc.）的设计就体现了这一理论，他们在1983年设计的一扇门，便是通过将层压材料层层剥离，挖出一个通透的洞。20世纪70年代，他们为最佳产品公司（Best Products Company）创作的建筑，在设计上运用了成堆的砖石，并在墙面上制造了

一道道沟壑，使建筑外表以一种分裂状态呈现。此外，其他的解构主义建筑师及代表作品包括美国建筑师弗兰克·盖里设计的明尼苏达州温顿宾馆（Winton Guest House）、德国贝尼施及合伙人事务所（Behnisch and Partners of Germany）设计的海索拉学院大楼（Hysolar Institute Building），这座小型建筑位于斯图加特大学校园边沿处，拥有充满活力、令人震惊的室内空间。又如施罗德住宅（Schröder House）的室内设计，空间环绕着中心轴向四周呈爆炸型发散状，楼梯连接着两层楼面，窗框、屋顶、支撑钢架等部件彼此间无序地混合，形成相互贯穿的斜坡。建筑师有意构筑了由不同结构与技术元素松散组成、看似瓦解的室内环境。

　　由于在世界贸易中确立了领导地位，日本在传统的设计表达上也呈现出更多的自信。战后的日本，民族风格的建筑曾一度被看作带有反动和右倾色彩，而新建筑又被美国主流的现代主义风格所左右。而今，日本已重新认识到自己所拥有的珍贵的建筑遗产，以桢文彦（Fumihiko Maki, 生于1928年）、黑川纪章（Kisho Kurokawa, 生于1934年）、相田武文（Takefuni Aida, 生于1937年）等为代表的建筑师在室内空间的设计上大都采用空灵、非对称的日本传统建筑设计手法。而其他一些日本建筑师则受到20世纪80年代末如科茨等折中主义浪漫派人物的影响，设计风格呈现出千姿百态的趋向。

　　这种多样化风格贯穿于随后的整个90年代。这一时期的设计，注重过程而非形式，绿色设计便是这一趋向的典型，设计师们之所以遵循环境保护法则并将其纳入设计思考的范围，是出于法律义务及道德感。与此相矛盾的是，随着技术的快速发展，商业室内空间与家居内部环境对新材料和通信系统的需求变得更加旺盛。20世纪90年代，电子通信技术的使用对办公空间设计产生了巨大影响，这种影响以公用办公桌（Hot Desk）的发展为标志，即除了一些需要预置的空间之外，任何员工所使用的办公桌及其所在的空间设置都不是永久性或一成不变的。例如，位于英国赫默尔亨普斯特德的英国电信公司韦斯特赛德大厦（British Telecom Westside Building, Hemel Hempstead, 1996），这座大楼由来自Aukett设计事务所（Aukett

Associates）的建筑师与来自PLC室内设计事务所（Interior PLC）的设计师们共同合作完成。韦斯特赛德大厦是一处集结了销售、市场营销及售后服务中心等约1250名员工的大型工作场所。在设计过程中，设计师有意预留了开放式工作区域，使员工们的工作形式更具有灵活性，而落地式的工作桌也可供他们随意使用。此外，设计还兼顾了用于会议、洽谈和影像播放的多功能空间。工作场所也不再局限于办公室，也可以是在家里或在途中，与客户在一起或者在宾馆内办公。新技术的发展与应用使英国电信公司的员工们可以借助手提电脑和移动电话通过网络进行交流。值得一提的是，在以韦斯特赛德大厦为代表的办公空间项目中，设计师们对于咖啡区和门厅区域倾注了更多的热情与关注，这种做法也促进了员工之间的信息交流和互动。

　　20世纪初期的办公空间不但显得僵硬、刻板，而且在结构上也表现出严肃和官僚意味，不过这种风格现如今已然被一种更具灵活性的布局所取代，也更有助于非正式的团队工作。同时，考虑到新技术，会议室的内部设计也需做出一些改变，

188. Aukett设计事务所/PLC室内设计事务所：英国电信公司韦斯特赛德大厦，赫默尔亨普斯特德，英国，1996年。新技术带来的影响意味着：伴随着因员工的移动而形成的多用途的空间，办公楼内部空间正趋于更具灵活性

189. 卡佩利亚、拉雷亚和卡斯特利维等人：巴夏休闲中心的舞池，西班牙塔拉哥纳附近，1992 年。新技术借助视频、激光和光纤照明等方式，令舞池充满了激情氛围

但无论其实际表现出怎样的风格，都必须考虑如何最合适地设计安装用于显示电子信息的离子屏幕，使其在不使用时能够巧妙地隐藏起来。设计师不但将新型技术应用到办公领域，还将其推广到新兴的娱乐性空间，位于西班牙塔拉哥纳附近的巴夏休闲中心（Pacha Leisure Centre, Tarragona, 1992）便是其中的代表作品。这个大型夜总会由胡利·卡佩利亚（Juli Capella, 生于1960年）、奎因姆·拉雷亚（Quim Larrea, 生于1957年）和豪梅·卡斯特利维（Jaume Castellvi）等人设计，占地面积达5677平方米。其室内设计将主舞池"悬浮"于游泳池之上，不但在视觉上通透明亮，而且在灯光照射下显得光彩夺目，加上激光设备、电视墙和闪烁的光纤灯，

令这座20世纪的舞池充满令人兴奋的氛围。

　　新技术的运用也对家居设计产生了影响。20世纪50年代末期，电视机取代了开放式壁炉，成为主起居空间的核心。不过，现今的电视屏幕呈扁平状，可以安置在任意墙面上，令房间布置显得更加随意自如。此外，技术发展不断地走向统一化，加上网络和家庭电脑的普及，令未来通过隐藏的中央控制器控制每个房间的屏幕设备真正成为可能，这些屏幕可分别用于看电影、玩游戏、播放电视节目和听音乐等。20世纪末，多样化的设计风格仍然是主要的发展趋势，设计师们竭尽所能通过各种风格式样突显个人特征。近期的精品旅馆设计增强了或者说发掘了个性化特征。这些室内设计最初起源于纽约，被赋予了新的主题以体现设计师独特的品位。由于新技术的影响，家居环境和商业空间在功能上和使用上都发生了巨大的变化，并且这种变化在未来还将继续。

19

190. 安德烈·巴拉兹（Andre Balazs）和克里斯蒂安·利艾格尔（Christian Liaigre）：莫瑟酒店，纽约，1997年开业。这座典雅的精品酒店由库房改建而成，它向纽约展现了与众不同的LOFT改造建筑的居住体验

第 9 章

室内设计的可持续性

当步入21世纪——一个后工业全球化的时代，在室内设计中我们面临的主要问题是什么？建筑、时尚、图形、美术和室内设计之间的界限开始变得更加模糊了。建筑师对室内设计产生了更加浓厚的兴趣，艺术家也开始尝试将建筑环境作为其创作实践的一部分，就像以蕾切尔·怀特里德（Rachel Whiteread, 生于1963年）①的设计作品"宅"（House, 1993）那样，那是一个维多利亚式的带露台的住宅室内空间。相比于20世纪，21世纪室内空间的风格并未受到过多关注：而在商业空间的领域里，人们被引导而更加关注的是对企业形象的识别与品牌效应的整体体现，而非外表的时尚样式。近年来，室内设计的话题渐渐成为学术界更加持续关注的问题。其中最主要的是可持续发展，这在所有设计领域内变成日益重要的话题。由于对资源短缺和全球变暖的认识不断增强，发达国家政府制定政策，强调慎用珍稀材料与能源。这也导致建筑设计的关注点从时尚性转为功能性及对资源的慎用。

如今，室内设计师已经强烈地意识到需要使用可再生的木材，即装饰艺术时期

---

① 英国著名艺术家，以在维多利亚式房子内创作雕塑著称。——译注

191. 凯利和内维尔（Kelly and Masoko Neville）：自建住宅，——来自英国第四频道的节目《大设计》的设计案例，2007年。这一可持续型建筑室内设计的中心焦点是一棵八百年老橡树，以此为核心建造了木质楼梯。这座房子呈六角形，其设计灵感来源于托尔金（Tolkien）笔下的"哈比人"（小矮人）

普遍选用的外来材料，诸如乌木这种当时流行的典型材料之一，现在为制止热带及温带雨林的乱砍滥伐而已被明令禁止砍伐。而其他材料，譬如竹子，一种快速再生的资源，已成为地面、墙面装饰及家具结构的首选材料。竹子无须重新种植，生长自然，也不需要使用化肥与农药，不必担心材料中含有害成分。室内设计师们已日渐意识到某些塑料和合成涂料的毒性。另外，材料的使用周期也被纳入考量范围，即材料必须是可降解或可循环使用的。显而易见，竹子成为最理想的材料，因为当它的使用周期结束之后不必拿去填埋处理而是可以成为有机肥料。如今，人们对室内设计的评价标准已不再局限于形式、表象，而是更注重与生态系统的整体融合。

近年来，利用可持续性材料自建的案例越来越多，仅在英国每年所建造的这类建筑便达九千多所。英国第四频道的节目——《大设计》（Grand Design）播出了一则案例——位于英国剑桥的生态楼（Eco House, Cambridge），该建筑以橡木为构架，以稻草为保温层。别墅的中心楼梯由主人救下的一株有着八百年树龄的老橡树雕刻而成，屋子中心的楼梯环绕着这一珍贵的自然生命体而构建。为了增加室内自然采光并减少能源的消耗，屋内开设了大面积的窗户并在顶部设置了一幅遮光罩。建筑内部所需电力由风车发电，自给自足。可持续性也成为公共建筑的关注点。另一项极端的设计案例是一座名叫"冰旅馆"的著名酒店，坐落于瑞典名城基律纳（Kiruna）的Jukkasjärvi村。酒店每年举行一次竞赛，参加者都会被邀请为冰的大厅及客房做室内设计。整座酒店由冰块雕刻而成，融化于春风之中，又再建于冬季。

　　对能源的谨慎使用促进了材料的可持续性应用。譬如，室内设计师能够在采光设计方面，通过采用最新的技术，如选择光学玻璃、热感应玻璃或电子玻璃等，更好地使用自然光。这些新一代的智能玻璃产品可以减少大量太阳强光进入

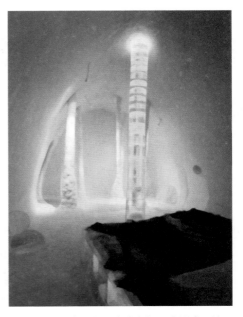

192、193、194. 冰旅馆，坐落于瑞典名城基律纳，2006年。整个酒店的室内空间用冰筑成，并且每年设计、修建。通过一年一度的竞赛来征集室内设计方案。上页图，道格·迈耶丁克与戴维·E. 斯科特设计：冰旅馆310套房："螺旋"。左图，米卡埃尔·尼尔·尼尔森、马克·阿姆斯特朗、奥克·拉松：绝对冰酒吧。右图，安娜索菲亚·马格：冰旅馆301套房："冒泡的沼泽"

建筑。以光学玻璃为例，当阳光直射时，玻璃会自动变暗，从而减少空调的使用。热感应玻璃也具有相似的作用，当达到特定的温度时，玻璃也会变暗。在法拉利著名的敞篷跑车"Superamerica"上可以见到，电子玻璃是受控于电流的。被称为"Revocromico"系统的是一项天窗玻璃自动透明化技术，车顶天窗也可以通过驾驶者摁动按钮而变暗；当车子进入室内或温度过高时，玻璃也会自动改变透光效果。

　　随着建筑的室内空间与外界自然越来越紧密地交融以及广泛使用自然光成为设计的特点，室内与室外之间的界线也越来越不明显了。比起耗能的空调设备，人们更倾向于引入合理的通风设计，位于伦敦城区内的格金大厦（Gherkin Building）

就是其中的代表。这座由福斯特及合伙人设计事务所（Foster and Partners）为瑞士再保险公司（Swiss Re-insurance Company）设计的建筑，位于整个城市的金融核心区域，建筑主体所消耗的能源仅占同等高度建筑能耗的百分之五十；一系列的"腔室"在钢质构架中螺旋盘升；如同肺脏般将空气输送到这座41层、面积约76400平方米的建筑内的每一个角落。这座受到地基限制，其剖面形态呈航天火箭状的建筑，依靠建筑外部空气的压力差来驱动整个建筑内部的空气循环；此外，位于建筑顶部的俱乐部依靠大面积的玻璃采光，创造出一个可以俯瞰全城的极佳视角。在

195. 诺曼·福斯特：瑞士再保险公司，伦敦，2004 年。因其外形酷似而被戏称为"腌黄瓜"，它可以说是第一座环境可持续型的摩天办公楼。位于高楼顶端的是一个俱乐部，透过巨大、宽敞的玻璃和钢架结构，城市景观一览无余

196. 著名设计师扎哈·哈迪德：新宝马制造中心，莱比锡，2004年。环行于建筑上部的"宝马三系车"的生产线穿越了员工的食堂和接待区域，贯穿了呈阶梯状的开敞型办公空间

德国莱比锡（Leipzig, Germany），建筑师扎哈·哈迪德（Zaha Hadid, 生于1950年）设计的新宝马制造中心（BMW Plant, 2004）也采用相似的内外对流的原理，空间上的灵活性令不同功能得以容纳其中。中心建筑是整个宝马三系车型的生产线的中枢，它将各个生产区域不同的功能整合在一起——包括车身制造车间、喷漆车间和组装车间等一系列职能独立的部门。其最引人注目的特点是：经组装的车辆是沿着环绕建筑的轨道穿越员工食堂和接待区等区域。

　　另一个项目，位于英国康沃尔郡的伊甸园工程（Eden Project, Cornwall, England），体现出公众越来越关注生态与环境问题。该项目于2001年开放，其外部结构——三个巨大的网格球状穹顶形同星球的一部分，里面种植的是来自全球

197. 尼古拉斯·格里姆肖："伊甸园工程"大穹顶的室内，英国康沃尔郡，2001年。网格球顶
（Geodesic dome）为热带植物提供了一个微环境

不同气候带的植物，旨在提醒人类意识到自身对自然世界的依赖。建筑师尼古拉斯·格里姆肖（Nicholas Grimshaw, 生于1939年）采用了双层钢结构的拱顶，并镶以乙烯四氟乙烯（ETFE, 一种高强度塑料）薄膜，使光线能最大限度地透射进室内，以加强对太阳能的利用。2006年，温室中又增设了一个"果核"作为教学空间，这个"果核"采用木质构造，由有机的、呈螺旋状的结构构成。

　　除了在新建筑上继续强化可持续性的要素，针对旧建筑的整修与改造也成为一种新的发展趋势，这表明：人们对建筑的可持续性及历史的兴趣正在增长。以位于纽约著名的西格拉姆大厦（Seagram Building）内的啤酒餐厅（Brasserie Restaurant）为例，西格拉姆大厦原是一座以现代主义风格为原型的建筑，啤酒餐厅置身其中，并于2000年经过再次的翻新设计。饭店最初名为"四季餐厅"（Four Seasons Restaurant），创始于1959年，原设计者为菲利普·约翰逊（Philip Johnson，1906～2005），此餐厅在1995年毁于一场大火。在餐厅的翻修设计过程中，西格拉姆担心是否还能在西格拉姆大厦中保留住餐厅的时尚性，为此聘请纽约迪勒·斯科菲迪奥＋伦弗洛设计事务所（Diller Scofidio + Renfro）来进行翻修设计。设计师们用灰绿色的乙烯薄膜覆盖了高的雅座隔断，以保留其现代主义建筑的风格；一道巨大的深色木质的波浪形顶盖包裹了主要的就餐区域，并施以特别的照明设计，以增加进入餐厅时由玻璃、钢材、石材构建的楼梯间所创造的戏剧效果；在酒吧的上方

198. 迪勒·斯科菲迪奥＋伦弗洛设计事务所：啤酒餐厅室内，纽约西格拉姆大厦，2000年。曾为经典的现代主义风格室内，在利用21世纪先进技艺的修整之后，依然保留了在昔日四季餐厅用餐的真实体验

199. 开发商 Urban Splash 旗下的改建项目：火柴工厂的办公空间室内，利物浦，2004年。这片建于1919年至1921年间的巨大的产业区，1923年后曾被作为布莱恩特与梅火柴工厂，用于批量生产火柴，后于1994年关闭。现在则被改造成可供出租的办公空间

设有一个影像装置，它以十五个屏幕顺次连接并向参观者播放在进入建筑时的影像画面，该装置与美国现代美术馆（Museum of Modern Art, New York, 1989）中的装置设计有异曲同工之妙，后者的设计者同样是迪勒·斯科菲 迪奥＋伦弗洛设计事务所，他们正是对这一装置基础进行了改造设计并将其重新应用在了啤酒餐厅。

　　西格拉姆的改造计划保留和扩大了对空间的有机利用：建筑设计工作的一个重要的部分是改变建筑的结构抑或重塑建筑，以使其符合某种特定用途。不同于建造能源密集型或是标志性的新建筑，伴随着废物处理等一系列问题，废弃建筑，尤其是废弃工业厂房的重新利用，开始出现一线生机。其中，以开发商 Urban Splash 于2002年投资改建的火柴工场（Matchworks）尤为典型。这片坐落于利物浦的建筑其前身为布莱恩特与梅火柴工厂（Bryant and May match factory），现在被改造成一系列的办公空间。另一个案例则出自博物馆建筑——著名的伦敦泰特现代美术馆。它最初是一座由贾尔斯·吉尔伯特·斯科特爵士（Sir Giles Gilbert Scott, 1880～1960）在1939年设计建造的发电厂，如今为伦敦举办现代和当代艺术展览最重要的场所。来自瑞士的赫尔佐格与德梅隆建筑事务所（Herzog & de Meuron）

200. 赫尔佐格与德梅隆建筑事务所：汽轮机大厅，泰特现代美术馆，伦敦，2000年。这巨大的工业建筑空间成为当代艺术令人叹为观止的范例。昔日电厂的机器被移去，而钢质的结构框架则依然被保留在原有建筑的砖墙之内，并以此构成这座建筑的七个新楼层

在进行设计时，面对遗留在原有建筑体内巨大的汽轮机大厅（Turbine Hall），设计师们并没有选择去掩盖甚至是去除这一原有的空间特性，而是将其改建成建筑中最重要的公共空间。工业材料依然裸露于其中。五层楼高，约152米长的环形空间构成了室内最核心部分，站在这个空间中可以看到馆内的商店、咖啡吧、楼梯及电梯，从三个画廊中，也可以俯瞰这里。馆内展出了诸多极为著名的艺术作品，例如由著名艺术家奥拉维尔·埃利亚松（Olafur Eliasson, 生于1967年）创作的以展现日落壮观景象为主题的气象装置（Weather Project, 2003），以及来自德国艺术家卡斯滕·赫勒（Carsten Höller, 生于1961年）的作品——试验场地（Test Site, 2006，一

201. 福斯特及合伙人设计事务所：大英博物馆的大中庭，伦敦，2000 年。一面特别设计的巨大玻璃天顶令中央空间得以坐拥外界自然光线。这一全新空间突出了博物馆对川流不息的参观者、零售部及教育设施的关注

件置于大厅内的装置艺术作品），把露天游乐主题的幻灯影像带进了美术馆。在建筑顶部，赫尔佐格与德梅隆建筑事务所的设计师增设了两个带有餐厅和酒吧的玻璃层，置身其中可以俯瞰泰晤士河及河面上的著名人行天桥。这座天桥由建筑师诺曼·福斯特和雕刻家安东尼·卡罗（Anthony Caro, 生于1924年）共同设计，结构工程师阿勒普率其团队（Ove Arup & Partners）负责工程设计与监理。大桥沟通了伦敦商业区与圣帕尔大教堂（St Pal's Cathedral）。这种通过将既有的建筑向外部世界开放，以减小室内空间与外部空间差距的方式，成为此类旧建筑改造项目中普遍使用的设计手法。

大英博物馆内的"大中庭"（Great Court, British Museum），于2000年由福斯特及合伙人设计事务所进行设计改建。原建筑约于1852年对外开放，整体呈流行的希腊复兴式风格（Greek Revival），由罗伯特·斯默克爵士（Sir Robert Smirk, 1781～1867）亲自设计。在1854年至1857年间，馆内最初的环形阅览室（Reading Room）由斯默克的兄弟悉尼（Sydney, 1798～1877）设计，他将穹顶架设在建筑

202. 福斯特及合伙人设计事务所：德国国会大厦的穹顶内部，柏林，1999年。面向公众开放的新穹顶内部空间让游客享受到完整的城市全景，还可透过镶嵌在中央的玻璃面板观察议会工作的情况

中心空旷的矩形场地上。伴随着这座古老建筑自19世纪以来不断地被设计添加，加之近年来激增的游客数量（如今每年的游客人数约550万人），大英博物馆急需一项措施完善改建方案和更高端的形象，来满足其商业业务与教育展示的双重需要。福斯特保留了新近修复的位于2英亩空间中心的阅览室，并运用特制的计算机系统设计了巨大的玻璃天顶。这面庞大的玻璃天顶由钢质框架作为支撑，以3312片形状各异的三角形块面连接而成，这一做法增加了原室内设计欠缺的光照，也加强了空间感，同时也使原先封闭的中庭空间获得更多的自然光线与外界景观。

福斯特与其合伙人在另一项著名的改建项目——德国国会大厦（Rerichstag, German parliament in Berlin, 1999）的设计中，运用了相似的结构手法。随着东德解体和"柏林墙"的拆除，这座始建于19世纪的古老建筑在1989年经历了整体改建而焕然一新，成为新德国统一的象征。这座建筑在1933年遭愤怒的反纳粹党人纵火，[①]随后的暴行在某种程度上巩固了希特勒的新总理的地位。其后的"二战"期间，大厦又遭受进一步的摧残。20世纪60年代，政府曾试图对大厦的室内空间加以保留与利用，遗憾的是当时西德政府已迁至波恩，建筑曾经的重要地位也随之降低。在这次的改建工程中，福斯特拆除的建筑内原有的一些中层楼面在1958年至1972年间被重新附加上去。随着德国1990年回归统一，柏林再度成为首都，并出现了一批新形象的建筑群，包括由赫尔穆特·雅恩（Helmut Jahn, 德裔美籍建筑师，生于1940年）设计的受人瞩目的索尼中心（Sony Centre）——该建筑群由八座建筑环绕着一个玻璃中庭连接而成，其内包含了居住、商业、办公以及娱乐等完善的综合性功能设施。新国会大厦的设计也采用相似的大胆设计，这座19世纪建筑的中心部分升起一个穹顶玻璃，显得极为壮观。参观者们不但可以进入穹顶内部，还能够透过玻璃楼层一窥议会的究竟。人们在穹顶内得以自由漫步于螺旋状环

202

---

① 1933年2月27日大厦失火，部分建筑被毁，失火原因至今不明。后"国会纵火案"成为纳粹迫害政界反对派人士的借口。——译注

203. 亨克·沃斯：Kruisheren 酒店内部，马斯特里赫特，荷兰，2005 年。哥特式教堂已被改建为酒店，右侧一个新修的中层空间被当作餐厅。左下角可以看见有铜质表层的隧道形入口

204. Jestico & Whiles：牛津麦玛松酒店室内空间（原牛津城堡），2006年。过去的监狱顶层已变成精品酒店，牢房单间被改建成了豪华客房

绕而上的坡面，随意享受着令人叹为观止的全景视觉。值得一提的是，纵然国会大厦的整体内部已完全被现代化材料和开放的空间所取代，而视觉焦点却依然落在以玻璃穹顶为核心的主体部分，它减少了政府与公众之间的隔阂。

今天的酒店设计，已被视为对现有建筑的另一种富有想象力的再造。位于荷兰马斯特里赫特市的 Kruisheren 酒店（Kruisherenhotel, Maastricht, Holland），2005 年，由设计师亨克·沃斯（Henk Vos, 生于1939年）设计，这是对一所15世纪的修道院与哥特式教堂室内的更新设计。作为卡米尔·奥斯维杰城堡连锁酒店（Camille Oostwegel Château Hotel & Restaurants chain）的一部分，酒店的入口被塑造成一条喇叭状铜表层的隧道。材料的反光特性衬托了被嵌在混凝土地坪内的荧光灯。通道将客人由入口引导到前台接待区，这个原本是教堂的中殿（即信众席），而今则布置了设计师设计的高档家具和灯具及一部透明的玻璃电梯。垂直于接待区上方，架构着一层被设计为餐厅的中层空间，置身其中的用餐者可透过巨大的哥特式花窗俯瞰窗外的马斯特里赫特街景。从餐厅衍生出的会议室被容纳在一个由电子玻璃构成的立方体内，只需轻按一下按键，电子玻璃瞬间即可在全透明和乳白色之间转换。过去修士的居室，今天变为酒店客房，这些客房的布置简洁明快，仅装饰了些用数码技术放大的绘画作品的复制品或照片以及一些现代家具。在公共区域，光洁圆滑的现代家具与哥特式建筑的细节并置在一起，创造出一种令人惊喜的视觉效果。这类设计手法在其他地区酒店中也随处可见。以牛津麦玛松酒店（Malmaison Oxford）为例，这家经过改建的城区酒店过去曾是一所监狱，Jestico & Whiles 事务所进行了浓墨重彩的设计，昔日的监狱牢房成为现在的客房。麦玛松这一英国的连锁酒店，专注于对城市中的旧建筑进行利用与改造，将其开发成别致的城区中心酒店，并已逐渐占据这一领域的主导地位。其另一项成功的改建案例位于北爱尔兰首府贝尔法斯特（Belfast），一座位于码头边的19世纪时期的仓库。裸露的砖石与

20↓

205. 克里斯蒂安·拉克鲁瓦：小磨坊酒店，巴黎，2004年。在前台接待区，来自20世纪60年代瑞典风格的设计与马雷地区的奢华装饰交织在一起

206. 雷姆·库哈斯，大都会建筑事务所（OMA）：
普拉达专卖店的室内，纽约，2001 年。右侧带有
踏步楼梯，斑马木的波形结构将两个楼层连接起
来，上空悬垂的是用来陈列衣物的吊笼

工业铁件相融合，其周边放置了一些"另类"的当代家具，小型的电梯满覆着深紫色的天鹅绒。将奢华的元素与工业元素并置于一体（如同在牛津的监狱改建项目一样），已成为这一连锁酒店标志。

　　一些时尚设计师则采取了与此稍显不同的酒店设计途径，这些时装设计师很乐意去探究在服装设计、零售商店和委托室内设计之间的界限。例如，法国时尚设计师克里斯蒂安·拉克鲁瓦（Christian Lacroix, 生于1951年）在建筑师凯比内特·文森特·巴斯蒂（Cabinet Vincent Bastie）的协助下，将巴黎的一座17世纪的古老面包房转变成一座时装酒店。小磨坊酒店（Hôtel du Petit Moulin）于2004年正式对外开放。酒店仅设有十七个房间，房间的风格各不相同，但其中都布置了拉克鲁瓦极具标志性特征的华丽织锦与金色装饰元素。诞生于20世纪60年代的波普家具掺杂着经典的现代风格及禅意元素，形成一种极为醒目的色调与跳跃的风格。其

他的一些时装商家也借此机会涉足酒店领域，例如阿玛尼和他的迪拜阿玛尼酒店（Armani Hotel Dubai），宝格丽（Bulgari）家族分别开设于米兰及巴厘岛的酒店，范思哲位于澳大利亚黄金海岸的范思哲宫殿酒店（Palazzo Versace, Australian Gold Coast），切鲁蒂（Cerruti）位于维也纳、杜塞尔多夫（Düsseldorf）、迪拜及布鲁塞尔等多个城市的酒店，还有菲拉格慕（Ferragamo）在佛罗伦萨及其周边开设的酒店等。

越来越多的时尚品牌倾情于设计大型旗舰店，以此提升自身的知名度。以普拉达（Prada）为例，这一高端时尚品牌将目光投向了纽约古根海姆博物馆（Solomon R. Guggenheim Museum），将其一个附属空间（之前是一个"SoHo"部门）进行重新改造。该空间原是19世纪的一间仓库用房，整个室内由荷兰建筑师库哈斯（Rem Koolhaas，生于1944年）率领其大都会建筑事务所（Office for Metropolitan Architecture，简称"OMA"）在2001年进行了装修设计。OMA因其将最新科技与前沿建筑理论相结合而闻名于世。在普拉达的仓库改造中，库哈斯将商场入口与一层设计得较为空旷，整个空间仅以一部环形透明的玻璃电梯为主导，而将主要的商场置于地下室。这一设计的另一重要特点是大面积亚麻色的斑马木①的结构连接了上下两个楼层。身着服装的模特儿被放置在从天花板垂吊而下的吊笼内；透明的更衣室墙可根据使用状态随时变换：当更衣室正在使用时，可切换至完全不透明的白色。普拉达的另一家著名的旗舰店"震中"（Epicenter, Tokyo, 2003）坐落于日本东京，由赫尔佐格与德梅隆建筑事务所设计。这个闪亮的建筑被一个园林区所围绕，这在东京并不多见，是一座独特、简洁而富于风格化的建筑。在店内甚至还能找到数码投影和普拉达产品数据库。像普拉达一类的高级定制时装（Haute couture）店，在发达国家的核心城市中寻求合适的位置，并引起强烈反响，以期通过销售价格昂贵的高端奢侈品来维护其独特性和品牌地位。

---

① 一种盛产于非洲的木材，因其色素木纹似斑马条纹。——译注

207. 赫尔佐格与德梅隆建筑事务所：普拉达旗舰店"震中"，东京，2003年。未来派的室内设计仅包含一座用于存储客户情况的数据库以及一些极少数量的衣物的陈列，突显出未来主义风格的室内特征

　　品牌塑造在其他领域的市场也成为主流，品牌的价值与吸引力通过室内设计来传达。例如在2002年，运动巨人"锐步"（Reebok）品牌就在位于马萨诸塞的波士顿城外设立了崭新的全球总部，就此建立起一道"品牌景观"（Brandscape）。锐步醒目的运动服装品牌形象，串联起了这四幢由NBBJ建筑公司设计的高层建筑。引领参观者进入建筑内部的人行步道被设计成跑道的形状，而整个室内空间则呈现出流畅的流线型，各种不同的元素之间能够自如转换。锐步的品牌识别度在公司设计的各个方面，从运动鞋到商业街上的专卖店，甚至到公司总部的外部形象，都得到了很大程度的强化，其品牌识别度也因此得到保证。

　　另一著名运动服装品牌"耐克"（Nike），也在世界各大主要城市设立起一系列的耐克城（Nike Towns），其大大小小的室内展区遍布包括纽约、柏林和伦敦等多个核心城市。其中，在伦敦的耐克旗舰店，室内的货品展示异常稀少：空间设计主要用来强化品牌效应，特别是借助体育英雄们的巨幅形象来展现品牌的影响力，巨大的投影屏幕放映着重要的体育赛事，而地面也被打造成赛场的格局。响亮的音乐贯穿了整个楼层，整个空间被有意识地塑造成一种代表着青春、运动、能量与活力

208

209

210

208. NBBJ建筑公司：锐步总部，马萨诸塞州坎顿，2002年。公司新总部内一个仿照比赛跑道设计的入口，将人引入这个相互协调而又流动的空间

209. 耐克室内设计团队：耐克城的室内，位于纽约第五大道，1997 年。注重青春与运动感，这两大元素强化了该全球性品牌的身份定位

的年轻氛围。如此这般，对于企业品牌效应的注重使得室内空间的设计似乎不再受到地理位置的影响了。但是，这种趋势受到一些作家的抨击，尤其是娜奥米·克莱恩（Naomi Klein）撰写的 *NO LOGO*（2000 年）一书，将其斥为"美国霸权主义的一种形式"，认为这种一致性并不能保证品牌在全球的影响力或者识别度。如今，零售商店的空间往往经过精心的设计，以吸引特定的社会阶层，就像在耐克城的案例里，其目标人群便是崇尚运动健身与时尚运动服饰的年轻顾客。在 2000 年，由 Unit 公司创立的位于奥地利的克雷姆斯（Krems）的 4–you 青年储蓄银行（4-you Youth Savings Bank），其室内空间也采用了相似的设计手法。依照惯例，银行的室内通常在设计中强调的是稳重和尊贵，而 4–you 青年储蓄银行在设计上则是注重吸

210. 耐克室内设计团队：耐克伦敦旗舰店，伦敦牛津广场。这个庞大的零售空间鲜有装饰，而是用投影设备投射出巨大的运动影像

引年轻一代：地坪被设计成亮丽的蓝黄色相间、带有棒球场划线的模样；一张巨大的棒球手套形的沙发座椅散发着轻松的休闲气氛，沙发的设计灵感来源于扎诺塔的作品乔沙发；整个室内空间随处渗透着自然的闲暇感，尤其是用成排的个人电脑来取代传统的柜台，更加突显了这种自由、随性的空间氛围。

　　意大利知名的箱包品牌"鸳鸯"（Mandarina Duck），曾创造了一种古怪、不羁的产品风格，以面向一些特立独行的成年顾客。公司选择著名的荷兰设计团体"Droog Design"，用"鸳鸯"品牌有趣的形象来设计她声望颇高的巴黎专卖店。这个团队成立于1993年，由设计总监雷尼·拉马克思（Renny Ramakers）和赫斯·贝克（Gijs Bakker，生于1943年）组成，在1993年的米兰家具展（Milan Furniture Fair）上首次展出了他们的设计作品，确立了其标志性的设计风格，同时也对既有的关于用户、产品与空间的理念发起了挑战。在他们的设计作品中"可持续性"也是一个关键的元素，比如由雷米（Tejo Remy，生于1960年）设计的作品碎布椅（Rag Chair）其材料全部来自废弃的衣物及辅料，他把这些材料用带子捆绑在一起形成座椅造型。雷米还曾将十二只废弃的牛奶瓶用细杆吊起悬挂在天花板下，做成灯具。"鸳鸯"品牌在巴黎顶级时尚品牌购物街圣 – 奥诺雷街（The Rue du Faubourg Saint–Honoré）购置地产开设品牌旗舰店。这个双层空间被设计师重新改建，改建后的天花板、墙面和地面被涂成了素白色，商品则在蚕茧状的造型构件中陈列。而这蚕茧造型被分别当作圆环、通道、隔墙、帷幕和围墙等。其中一面隔墙上布置了金属别针，便于扣挂展卖的箱包；另一侧的隔墙则设置了用横向紧绷在墙上的红、黄、绿三色的橡皮筋，提包等商品则可直接别在里面。一道由半透明的轻薄曲状塑料带构成的帷幕将顾客引入店内。一个直径达3.5米、状如大面包圈的金属容器将服装展品包容在其中，使顾客可以通过与陌生物件的"不期而遇"来

211. Unit设计（设计师为沃尔夫冈·贝格勒与格奥尔·派特罗维奇）: 青年储蓄银行，克雷姆斯，奥地利，2000年。棒球主题的设计用来吸引并打消青年储户们的顾虑

212. "Droog Design"："鸳鸯"巴黎专卖店，2001 年。采用茧状结构造型来展示衣物，同时隐藏了展柜内部结构

213. "Droog Design"："鸳鸯"巴黎专卖店，2001年。色彩鲜艳的橡皮筋成为手袋展示的创新手法

214. "维珍"室内设计团队：维珍大西洋航空公司的客运飞机，头等舱座席，可调节成床的机舱椅，2006年。对基本乘客的竞争力体现在尽可能为长途飞行创造乘坐的舒适性。座椅转换成床，乘客可以通过屏幕享有最适宜的私人空间

发现商品。虽然这是一个商店的室内，但令人觉得更像是一个艺术的"装置"。而对于"鸳鸯"遍及全球的连锁专卖店，这种品牌的概念必须是能够轻易地被解读的。

当今热门的全球咖啡连锁店正通过室内设计，来创造一种轻松愉悦的环境氛围。其中尤以历史最久、最为著名的星巴克（Starbucks）咖啡连锁为其翘楚。星巴克诞生于20世纪70年代的华盛顿，并在1987年将经营规模扩展到世界范围。其品牌拥有者霍华德·舒尔茨（Howard Schultz），在扩展竞标方案中，借鉴了麦当劳、百事和肯德基的发展经验，截至2003年，星巴克已经在美国以外的三十个国家和地区开设了连锁分店，其中包括中国和沙特阿拉伯等。星巴克令人瞩目的成功，部分可归因于它通过突出各门店的特质来强化它的企业核心价值观。店内播放轻盈的爵士背景音乐，报纸杂志随手可及，年轻或年长的顾客在皮质的沙发里闲适自在，空间内弥漫着咖啡豆的香气，环绕四周的是不俗的艺术作品。周边深色的木质装饰使店堂环境更显优雅、成熟稳健，也更能烘托咖啡纯正美味的品质。

全球化的品牌理念也影响了运输业的室内设计领域。以"维珍"（Virgin）为例，这个曾经依靠出售产品和各式各样服务，诸如有线电视节目、手机通信和婚礼策划等的企业创造了一个极为成功的品牌。公司 1970 年创立之初仅为一家唱片零售店，组建时所倡导的理念是年轻活力与创业精神。1984 年，该公司成立维珍大西洋航空公司（Virgin Atlantic Airways），与当时更资深的，也更具企业实力的英国航空公司（British Airway）进行直接的较量。它众所周知的红白色标志随处可见，从飞机尾鳍到营销资料中都突显品牌的颜色特点。随着争取乘客的竞争日益激烈，维珍大西洋航空公司借助设计的力量，例如其头等舱提供独一无二的床位，吸引了更多的忠实客户。其飞机内舱的设计已不再局限于对风格、材料和功能等传统问题的关注，更拓展到空间与安全性，甚至连如何减轻机身重量也被纳入考虑范围。维珍大西洋航空室内设计团队运用独创的方式解决了关于飞机内舱设计的一直以来难以解决的问题——如何在空间极为有限的机舱内设置舒适的床位。这些床位均由座椅转换而成，只要轻轻触摸一下按钮，外部包有皮质软垫的椅子便展开成床位，而椅子（或者说床）的另一边则被泡沫覆盖。此外，头等舱还专门设有吧台区域供乘客享用。

与飞机内舱设计一样，船舱的内部设计也是一种相似的特殊领域，相较于地面建筑的室内空间，船舱的内部设计往往受到更多的限制。在 20 世纪 50 年代末大规模的航空运输业出现之前，海洋运输曾是当时最为普遍的国际旅行方式。因此，邮轮的内部设计往往象征着邮轮持有国的民族特性，如英国丘纳德航运公司（Cunard Line）和法国航运集团"法兰西航线"（French Line）便是其中的代表。战后，一些著名建筑师和设计师也开始涉足邮轮的内部设计。其中，詹姆斯·加德纳（James Gardner, 1907 ~ 1995）、丹尼斯·伦侬（Dennis Lennon）、休·卡森合作设计了丘纳德旗下的旗舰作品——"伊丽莎白女王二号"（Queen Elizabeth 2，1969）；由吉奥·庞蒂为意大利设计了"朱利奥·塞萨尔号"（Giulio Cesare, 1951）。如今，邮船业的室内设计主要关注的是海上度假旅游的市场，邮轮则成为移动的、奢华的

215. 克劳迪奥·拉扎里尼与卡尔·皮克林：118 Wally Power 游艇的封闭式甲板，2004 年。覆盖玻璃的舱面室布置成宽敞明亮的客厅，家具甚少而仅仅采用白色坐垫和纯木地板与立面。通向客舱的台阶设置在船舱中央，其后是现代主义风格的用餐区和后置驾驶舱。设计师用这些技术上的创新回避了传统自然风格，创造出新型豪华游艇

海上酒店，主要为占北美市场主导的年长顾客提供海上度假服务。"丘纳德"旗下的另一艘邮轮"玛丽皇后二号"（Queen Mary 2），是近年来最负盛名的豪华邮轮之一。邮轮的设计出自瑞典蒂尔贝格设计事务所（Tilberg Design），于 2004 年投入使用。蒂尔贝格为邮轮内部设计了六层通高的中庭景观、赌场和各式各样的娱乐空间。在奢侈消费市场中，还有着另一项正在快速发展的设计类型——游艇设计。其中，以意大利人卢卡·巴萨尼（Luca Bassani, 生于 1956 年）创建的豪华游艇品牌沃利（Wally）最为典型。沃利的总部设于蒙特卡洛，2004 年，公司邀请建筑师克劳迪奥·拉扎里尼（Claudio Lazzarini）与卡尔·皮克林（Carl Pickering）合作，为其 118 Wally Power 游艇做设计。这支设计团队开创出一派完全有别于传统概念的崭新风格，设计采用了整体覆盖在木质甲板层之上的几何形态的玻璃结构。整个舱

　　内的空间中有可供十六人同时用餐的餐桌和更像飞机驾驶舱的驾驶室，在视觉上完全通透。整艘游艇依靠燃气轮机的驱动，其航行时速可达每小时 63 海里。

　　倘若用一种风格来概括 21 世纪初的室内设计的特点，那便是极简主义的所谓"无风格"样式。极简的风格已经在很大程度上左右着家居的设计，大众媒体也在推波助澜，大力推崇用中性色调和无个人特点的风格来规整我们的居室，使家变得井然有序。这种风格让住宅便于销售，却也意味着让家不再有温馨、亲切的天伦氛围。英国建筑师约翰·波森（John Pawson, 生于 1949 年）是极简主义风格的代表人物。波森在他的设计中"剥去"了所有他认为不必要的装饰和杂乱的东西。波森为

216. 左图，约翰·波森：CK品牌专卖店，巴黎，2002 年。室内纯粹的白色基调突显出品牌的个性定位
217. 右图，约翰·波森：特拉普教派修道院，捷克共和国，2004 年。极简主义风格成为祈祷与忏悔的圣灵空间最理想的选择

美国著名时装设计师卡尔文·克莱因（Calvin Klein）设计了一系列颇具极简风格的CK品牌专卖店：首家专卖店于1994年开业，位于东京的一幢新建筑内；紧随其后的纽约店也在1995年正式开张。在纽约麦迪逊大街（Madison Avenue）拐角处的一幢新古典主义风格的建筑内，原有的室内风格被重新改写，取而代之的是以素色白墙、灰白色石材铺地和集中式灯光等元素为主的设计语言。波森在2002年开张的CK巴黎店的设计上，又一次重弹了极简主义的老调，用纯正的极简主义风格的手法，彰显出这一美国时尚品牌独树一帜的简洁个性。此外，波森的风格在捷克特拉普教派修道院（Novy Dvur Monastery, Czech Republic）的设计上被发挥到了极致。这座巴洛克风格的庄园住宅，坐落于修道院的中心，在设计改造后成为四十位西多会修道士（Cistercian）兼具新卧室与教堂双重功能的"家园"。波森设计的家庭居室更像修道院，所以他现在正着手设计真正的修道院。

今天，室内设计师一方面抗拒其作品的全球影响力，一方面批判地评价设计为文化和社会所做出的贡献，与此同时，在室内设计实践的某些方面出现了更加情感化和精神化的考量。在诸如监狱、医院之类的公共建筑设计中，可以发现从心理学角度而对色彩和光的运用。在室内设计师中间还有一种不断增长的趋势，即将某些领域中的理论成果带入他们的设计实践中去，使自己成为更有创意的设计师。如今，对室内设计的研究学术上越来越受到尊重，而这一领域曾一度被认为缺少像产品设计或平面设计在学术上的严肃性，室内设计开始摆脱建筑学的范畴，而凭借自身的条件成为一个独立的学科。自2000年以来，市面上有关室内领域的历史和理论性研究等出版物的发行量有了明显的增长。其中不乏一些颇有建设性意见与参考价值并且值得收藏的作品：如苏西·麦凯勒（Susie McKellar）和佩妮·斯帕克（Penny Sparke）合作出版的《室内设计及其特性》（*Interior Design and Identity*, 2004）、希尔德·海嫩（Hilde Heynen）与古尔松·巴伊达尔（Gülsüm Baydar）合著的《家居空间：现代建筑中塑造空间性别》（*Negotiating Domesticity: Spatial Productions of Gender in Modern Architecture*, 2005）；此外，理论分析学家查尔斯·赖斯（Charles Rice）的著作《室内的诞生：建筑、现代、家居》（*The Emergence of the Interior: Architecture, Modernity, Domesticity*, 2007）一书，更加突显了这一领域研究的重要意义。由马克·泰勒（Mark Taylor）与朱莉安娜·普雷斯顿（Julieanna Preston）合著的《室内设计理论读本》（*Intimus: Interior Design Theory Reader*, 2006），阐述了这一课题发展的重要性及其关键内容。多位设计师与装饰家的专题论文也相继发表，如佩妮·斯帕克的文章《埃尔茜·德·沃尔夫：现代室内装饰的诞生》（*Elsie de Wolfe: The Birth of Modern Interior Decoration*, 2005）等。而那些在过去一直对室内设计持淡然态度的建筑师，如今也转而关注该课题并撰写相关文章，如纽约建筑师乔尔·桑德斯（Joel Sanders）发表的《帷幕大战：建筑师、装饰师与 20 世纪的室内家居空间》（*Curtain Wars: Architects, Decorators and the Twentieth-century Domestic Interior*, 2002）一文，描绘了职业建筑师如何寻求并涉足室内装饰领域。上述这些作品的出版，以及伦敦金斯顿大学（Kingston University, London）所属的现代室内设计研究中心（Modern Interiors Research Centre）的成立，表明室内设计学科的确立是一个毋庸置疑的事实。

室内设计的最新发展趋势更多地体现在互动式室内空间的发展上。例如，在家居环境中，灯光可根据使用者在室内的活动情况，甚至是当时的心情，进行调节，以适应使用者的需求。新科技的发展，使全部家庭娱乐项目的集成成为可能，创造出智能化的生活空间。像松下（Panasonic）这样的电子企业正致力于未来的技术，如能将画面影像投射在白墙上的家庭影院和电视系统，以及笔记本电脑无线控制的音乐播放器；整面墙体可以投射主人随心挑选和设置的影像来作为装饰；也可以按照住户的意愿嵌入报警与信息系统；进出家门也不再需要钥匙，而是通过视网膜扫描仪来控制。不论是公共空间还是私人场所，新技术的发展向室内设计师和消费者都发起了挑战。时至今日，室内设计被完全地颠覆了：本书开始时分析的维多利亚时代的家居设计理念是要极力抗拒陷入现代化的困境；如今，技术的成果却最终决定了室内空间的外观形式与使用方式。

参考文献

全书

Bachelard, Gaston, *The Poetics of Space*, Boston, Massachusetts, 1969. A lyrical exploration of spaces in the home, from rooms to drawers.

Calloway, Stephen, *Twentieth Century Interior Decoration*, London, 1988. Good source particularly for the more expensive, exclusive type of interior.

Clark, Clifford Edward, *The American Family Home, 1800–1960*, University of North Carolina Press, 1986. Contains useful information on the ordinary dwelling.

Coulson, Anthony J., *A Bibliography of Design in Britain, 1851–1970*, London, 1979. Lists further sources for research.

Csikszentmihalyi, Mihaly, and Eugene Rochberg-Halton, *The Meaning of Things: Domestic Symbols and the Self*, Cambridge, New York, reprinted 1999. An excellent introduction to the ways in which interiors reveal clues to their occupants from an anthropological viewpoint.

Deschamps, Madeleine, 'Domestic Elegance: The French at Home' in *L'Art de Vivre, Decorative Arts and Design in France 1789–1989*, London, 1989. General outline of French developments.

Forty, Adrian, *Objects of Desire: Design and Society 1750–1980*, London, 1986. Stimulating account of the relationship between mass-produced design and society.

Friedman, Joe, *Inside London: Discovering London's Period Interiors*, Oxford, 1988. Excellent illustrations and valuable information on surviving interiors which may be visited.

Fuss, Diana, *The Sense of an Interior: Four Writers and the Rooms that Shaped Them*, London, New York, 2004. Investigation of interiority and how it affected the lives and homes of four writers.

Heskett, John, *Industrial Design*, London, 1984. Particularly useful for German design.

Hitchcock, Henry-Russell, *Architecture: Nineteenth and Twentieth Centuries*, London, 4th edn, 1977.

McKellar, Susie, and Penny Sparke (eds), *Interior Design and Identity*, Manchester, New York, 2004. A collection of essays that looks at the interior in relation to gender and social class.

Open University, *History of Architecture and Design, 1890–1939*, Milton Keynes, 1975.

Pile, John F., *Interior Design*, New Jersey, 2nd edn, 1995. A useful overview.

Schoeser, Mary, and Celia Rufey, *English and American Textiles: From 1871 to the Present*, London, 1989. An account of an often neglected aspect of interior design.

Sembach, Klaus-Jurgen, Gabriele Leuthauser and Peter Gossel, *Twentieth-Century Furniture Design*, Cologne, n.d. Informative survey of mainly German design.

Smith, C. Ray, *Interior Design in 20th-Century America: A History*, New York, 1987. General guide to recent American interior design.

Sparke, Penny, *Furniture*, London, 1986. An informative survey of popular and designer furniture.

———, *An Introduction to Design & Culture in the Twentieth Century*, London, 1986. Introduces the central issues of design history.

Taylor, Mark, and Julieanna Preston (eds), *Intimus: Interior Design Theory Reader*, Chichester, 2006. A useful collection of key writings about interior design.

Trocmé, Suzanne, *Influential Interiors: Shaping 20th Century Style, Key Interior Designers*, London, 1999. A general introduction to the interior design of the past century which concentrates on the work of the interior decorator.

Whitney Museum of American Art, *High Styles, Twentieth-Century American Design*, New York, 1986. Excellent source for Cranbrook Academy.

第 1 章　维多利亚风格的改良

Adburgham, Alison, *Shops and Shopping*, London, 1981.

Anscombe, Isabelle, and Charlotte Gere, *Arts and Crafts in Britain and America*, London, 1978.

Artistic Houses: Being a Series of Interior Views of a Number of the Most Beautiful and Celebrated Homes in the United States with a Description of the Art Treasures Contained Therein, 1st published New York, 1883, reprinted New York, 1971.

Aslin, Elizabeth, *The Aesthetic Movement: Prelude to Art Nouveau*, London, 1969.

Callen, Anthea, *Angel in the Studio: the Women of the Arts and Crafts Movement, 1870–1914*, London, 1978.

Cooper, Jeremy, *Victorian and Edwardian Furniture and Interiors, From the Gothic Revival to Art Nouveau*, London, New York, 1987.

Eastlake, C. L., *Hints on Household Taste*, London, Dover reprint, 1969.

Gere, Charlotte, *Nineteenth Century Decoration*, London, 1989.

Girouard, Mark, *Sweetness and Light*, Oxford, 1977.

Grier, Katherine C., *Culture and Comfort, People, Patrons and Upholstery, 1830–1930*, University of Massachusetts Press, 1988.

Lambourne, Lionel, *Utopian Craftsmen: the Arts and Crafts from the Cotswolds to Chicago*, London, 1980.

Miller, Michael, *The Bon Marché: Bourgeois Culture and the Department Store*, London, 1981.

Muthesius, Stefan, 'Why do we buy old furniture? Aspects of the antique in Britain, 1870–1910', *Art History*, Oxford, June 1988.

Naylor, Gillian, *The Arts and Crafts Movement: A Study of its Sources, Ideals and Influence on Design Theory*, London, 1971.

Service, Alastair, *Edwardian Interiors: Inside the Homes of the Poor, the Average and the Wealthy*, London, 1982.

Thornton, Peter, *Authentic Decor: The Domestic Interior 1620–1920*, London, 1984.

第 2 章　探索新的风格

Billcliffe, Roger, *Charles Rennie Mackintosh: The Complete Furniture, Drawings and Interior Designs*, London, 1979.

Glasgow Museums and Art Galleries, *The Glasgow Style 1890–1920*, 1984.

Kallir, Jane, *Viennese Design and the Wiener Werkstätte*, London, 1986.

Kaufmann, E., '224 Avenue Louise', *Interiors*, February 1957, pp. 88–93.

Latham, Ian, *New Free Style*, London, 1980.

Levetus, A. S., 'Otto Prutscher: A Young Viennese Designer of Interiors', *The Studio*, Vol. XXXVIII, pp. 33–41.

Madsen, S. T., 'Horta, Works and Style of Victor Horta before 1900', *Architectural Review*, 1955, pp. 388–92.

Nuttgens, Patrick, *Mackintosh and His Contemporaries*, London, 1988.

Pevsner, Nikolaus, 'George Walton. His Life and Work', *The Journal of the Royal Institute of British Architects*, vol. XLVI, 1939.

———, *Pioneers of Modern Design: From William Morris to Walter Gropius*, Harmondsworth, 3rd edn, 1975.

———, and J. M. Richards, *The Anti-Rationalists*, London, 1973.

Russell, Frank (ed.), *Art Nouveau Architecture*, London, 1979.

Schweiger, Werner J., *Wiener Werkstätte: Design in Vienna 1903–1932*, London, 1984.

Vergo, Peter, *Art in Vienna, 1898–1918*, London, 1975.

第3章　现代主义运动

Banham, Reyner, *Theory and Design in the First Machine Age*, London, 1960.

Besset, Maurice, *Le Corbusier: To Live with the Light*, London, 1978.

Blaser, Werner, *Mies van der Rohe, Furniture and Interiors*, London, 1982.

Bullock, Nicholas, 'First the Kitchen – then the Façade', *Journal of Design History*, Oxford, Vol. 1, Nos 3 and 4, 1988.

Corbusier, Le, *Towards a New Architecture*, London, Architectural Press reprint, 1970.

Corbusier, Le, *The City of Tomorrow*, London, Architectural Press reprint, 1971.

——, *The Decorative Art of Today*, London, Architectural Press reprint, 1987.

Faulkner, Thomas (ed.), *Design 1900–1960: Studies in Design and Popular Culture of the 20th Century*, Newcastle, 1976.

Heynen, Hilde, and Gülsüm Baydar (eds), *Negotiating Domesticity: Spatial Productions of Gender in Modern Architecture*, London, New York, 2005.

Hitchcock, Henry-Russell, and Philip Johnson, *The International Style*, London, New York, 1966.

Overy, Paul (et al.), *The Rietveld Schröder House*, London, 1988.

Overy, Paul, *De Stijl*, London, New York, 1991.

Rice, Charles, *The Emergence of the Interior: Architecture, Modernity, Domesticity*, London, New York, 2007.

Whitford, Frank, *The Bauhaus*, London, 1984.

Wilk, Christopher, *Marcel Breuer, Furniture and Interiors*, New York, 1981.

Willett, John, *The New Sobriety 1917–1933: Art and Politics in the Weimar Period*, London, 1978.

Wingler, Hans M., *Bauhaus*, Cambridge, Mass., 1969.

Yorke, F. R. S., and Frederick Gibberd, *The Modern Flat*, London, 3rd edn, 1950.

第4章　装饰艺术和现代风格

Adam, Peter, *Eileen Gray: Architect, Designer: A Biography*, London, 1987.

Albrecht, Donald, *Designing Dreams, Modern Architecture in the Movies*, London, 1987.

Arts Council of Great Britain, *Thirties: British Art and Design before the War*, London, 1979.

Battersby, Martin, *The Decorative Twenties, The Decorative Thirties*, 2nd ed. rev. and ed. Philippe Garner, London, 1988.

Bayer, Patricia, *Art Deco Sourcebook: A Visual Reference to a Decorative Style 1920–1940*, Oxford, 1988.

——, *Art Deco Interiors: Decoration and Design Classics of the 1920s and 1930s*, London, New York, 1990.

Brunhammer, Yvonne, *Art Deco Style*, New York, 1984.

Camard, Florence, *Ruhlmann, Master of Art Deco*, London, 1982.

Davies, Karen, *At Home in Manhattan: Modern Decorative Arts, 1925 to the Depression*, New Haven, 1983.

Deslandres, Yvonne, *Paul Poiret*, London, 1987.

Duncan, Alastair (ed.), *Encyclopedia of Art Deco*, London, 1988.

Encyclopedie des Arts Décoratifs et Industriels Modernes au XXÈME Siècle, London, New York, reprinted 1977.

Frankl, Paul T., *New Dimensions*, New York, 1928.

Gebhard, D., 'The Moderne in the US', *Architectural Association Quarterly*, London, July 1970.

Genaver, Emily, *Modern Interiors Today and Tomorrow*, New York, 1939.

Grief, M., *Depression Modern – The Thirties Style in America*, New York, 1975.

Massey, Anne, *Hollywood Beyond the Screen: Design and Material Culture*, Oxford, 2000.

Meikle, Jeffrey L., *Twentieth Century Limited: Industrial Design in America 1925–1939*, Philadelphia, 1979.

Richards, Jeffrey, *The Age of the Dream Palace; Cinema and Society in Britain 1930–1939*, London, 1984.

Sembach, Klaus-Jurgen, *Into the Thirties*, London, 1986.

Sharp, Denis, *The Picture Palace and Other Buildings for the Movies*, London, 1969.

Vellay, Marc, and Kenneth Frampton, *Pierre Chareau*, London, 1985.

Veronesi, Giulia, *Into the Twenties, Style and Design 1909–1929*, London, 1968.

第5章　室内装饰职业的兴起

Anscombe, Isabelle, *A Woman's Touch: Women in Design From 1860 to the Present Day*, London, 1984.

Baldwin, Billy, *Billy Baldwin Remembers*, New York, 1974.

Blake, Vernon, 'Morris, Munich & Cézanne, The Origin of the Modern French Decorators', *The Architectural Review*, April 1929, pp. 207–208.

Brown, Erica, *Sixty Years of Interior Design: The World of McMillen*, London, 1982.

Cornforth, John, *Inspiration of the Past*, Middlesex, 1985.

——, *The Search for a Style: Country Life and Architecture 1897–1935*, London, 1988.

De Wolfe, Elsie, *The House in Good Taste*, New York, 1913.

Draper, Dorothy, *Decorating is Fun! How to be Your Own Decorator*, New York, 1939.

Falke, Jacob von, *Art in the House: Historical, Critical and Aesthetical Studies on the Decoration and Furnishings of the Dwelling*, Boston, 1879.

Fisher, Richard B., *Syrie Maugham*, London, 1978.

Green, Harvey, *The Light of the Home: An Intimate View of the Lives of Women in Victorian America*, New York, 1983.

Hicks, David, *Style and Design*, Middlesex, 1987.

Simpson, Colin, *The Artful Partners: The Secret Association of Bernard Berenson and Joseph Duveen*, London, 1987.

Smith, Jane S., *Elsie de Wolfe*, New York, 1982.

Sparke, Penny, *Elsie de Wolfe: The Birth of Modern Interior Decoration*, New York, 2005.

Throop, Lucy Abbot, *Furnishing the Home of Good Taste: A Brief Sketch of the Period Styles in Interior Decoration With Suggestions as to Their Employment in the Homes of Today*, New York, 1912.

Wharton, Edith, and Codman Ogden, Jnr, *The Decoration of Houses*, 1902, reprinted with additions, New York, 1978.

Wheeler, Candace Thrubber, *Principles of Home Decoration, With Practical Examples*, New York, 1903.

第6章　战后现代主义

Banham, Reyner, *New Brutalism: Ethic or Aesthetic?*, London, 1966.

Casson, Hugh (ed.), *Inscape, The Design of Interiors*, London, 1968.

Duffy, F., and C. Cave, 'Bürolandschaft, an Appraisal', *Planning Office Space*, ed. F. Duffy, C. Cave and J. Worthington, London, 1976.

Eudes, Georges, *Modern French Interiors*, Paris, 1959.
Garrett, Stephen, 'Interior Design', *Design*, London, August 1959.
ILEA, *Utility Furniture and Fashion*, London, 1974.
Jackson, Lesley, *'Contemporary Architecture' and Interiors of the 1950s*, London, 1994.
Jencks, Charles, *Modern Movements in Architecture*, Middlesex, 1973.
Kaufmann, E., *What is Modern Interior Design?*, Museum of Modern Art, New York, 1953.
McFadden, D. E. (ed.), *Scandinavian Modern Design; 1880–1980*, New York, 1982.
Pulos, Arthur J., *The American Design Adventure, 1940–1975*, Cambridge, Mass., 1988.
Weller, John, 'The British Institute of Interior Design', *DIA Yearbook*, London, 1976.

第 7 章　消费文化

Attfield, Judy, *Bringing Modernity Home: Writings on Popular Design and Material Culture*, Manchester, 2007.
Bayley, Stephen (et al.), ''60s Remembered', *Designers' Journal*, London, May 1988, pp. 51–59.
Bourdieu, Pierre, *Distinction*, London, 1979.
Brutton, M., 'Review of Postwar British Design', *Design*, London, January 1970.
Conran, Terence, *Terence Conran on Design*, London, New York, 1996.
Derieux, Mary, and Isabelle Stevenson, *The Complete Book of Interior Decorating*, New York, 1956.
Favata, Ignazia, *Joe Columbo and Italian Design of the Sixties*, London, 1988.
Goldstein, Carolyn M., *Do It Yourself: Home Improvement in 20th Century America*, New York, 1998.
Hebdige, Dick, *Subculture: The Meaning of Style*, London, 1979.
Hine, Thomas, *Populuxe*, New York, 1987.
Horn, Richard, *Fifties Style: Then and Now*, New York, 1985.
Lee, Martyn. J. (ed), *The Consumer Society Reader*, Oxford, Malden, Penn., 2000.
Mackenzie, Dorothy, *Green Design: Design for the Environment*, London, 2nd edn, 1997.
Massey, Anne, *The Independent Group: Modernism and Mass Culture in Britain, 1945–59*, Manchester, New York, 1995.
Miller, Daniel, Peter Jackson, Nigel Thrift, Beverley Holbrook and Michael Rowlands, *Shopping, Place and Identity*, London, New York, 1998.
Phillips, Barty, *Conran and the Habitat Story*, London, 1984.
Pilatowicz, Graznya, *Eco-Interiors: A Guide to Environmentally Conscious Interior Design*, New York, 1995.
Renzio, Toni del, 'Shoes, Hair and Coffee', *ARK*, London, Autumn 1957.
Riesman, David, *The Lonely Crowd*, New Haven, 1950.
Shurka, Norma, and Orberto Gili, *Underground Interiors: Decorating for Alternate Life Styles*, London, 1972.
Sparke, Penny (ed.), *Did Britain Make It? British Design in Context, 1946–86*, London, 1986.
Vale, Brenda and Robert, *Green Architecture: Design for a Sustainable Future*, London, Boston, 1991.
Whiteley, Nigel, *Pop Design: Modernism to Mod*, London, 1987.
Yeang, Ken, *Designing with Nature: The Ecological Basis for Architectural Design*, London, New York, 1995.

第 8 章　后现代主义时期

Banham, Reyner, *Contemporary Architecture of Japan, 1958–1984*, London, 1985.
Baudrillard, Jean, *The System of Objects*, London, New York, 1996.
Buchanan, Peter, 'The Nostalgic Now: Flyte, Fellini and Ferlinghetti', *Architectural Review*, London, January 1988.
Davey, Peter (ed.), 'Interior Spaces', *Architectural Review*, January 1989.
'Deconstruction in Architecture', *Architectural Design*, London, Vol. 58, No. 3/4, 1988.
Frow, John, *Time and Commodity Culture: Essays in Cultural Theory and Postmodernity*, Oxford, New York, 1997.
Gardner, Carl, and Julie Sheppard, *Consuming Passion: The Rise of Retail Culture*, London, 1989.
Hatje, Gerd, and Herbert Weisskamp, *Rooms by Design: Houses, Apartments, Studios, Lofts*, London, 1989.
Jencks, Charles, *The Language of Post-Modern Architecture*, London, 1977.
——, and George Baird (eds), *Meaning in Architecture*, London, 1970.
Knobel, Lance, *International Interiors*, London, 1988.
Kroa, Joan, and Suzanne Slesin, *Hi-Tech, The Industrial Style and Source Book for the Home*, New York, 1978.
Matrix, *Making Space: Women and the Man-made Environment*, London, 1984.
McDermott, Catherine, *Street Style, British Design in the 80s*, Design Council, London, 1987.
Myerson, Jeremy, *International Interiors 5*, London, 1995.
Raymond, Santa, and Roger Cunliffe, *Tomorrow's Office: Creating Effective and Humane Interiors*, London, New York, 1997.
Sarup, Madan, *Identity, Culture and the Postmodern World*, Edinburgh, Athens, Georgia, 1996, reprinted 1998.
Sparke, Penny, *Italian Design*, London, 1988.
Thackara, John (ed.), *Design After Modernism*, London, 1988.
Venturi, Robert, *Complexity and Contradiction in Architecture*, New York, 1974.
——, *Learning From Las Vegas*, Massachusetts, 1979.

第 9 章　室内设计的可持续性

Brooker, Graeme, and Sally Stone, *Rereadings: Interior Architecture and the Design Principles of Remodelling Existing Buildings*, London, 2004.
Chapman, Jonathan, *Emotionally Durable Design: Objects, Experiences and Empathy*, London, 2005.
Farmer, John, and Kenneth Richardson (ed.), *Green Shift: Changing Attitudes in Architecture to the Natural World*, Oxford, 1999.
Fuad-Luke, Alistair, *The Eco-Design Handbook: A Complete Sourcebook for the Home and Office*, London, 2nd rev. edn, 2005.
Hagan, Susannah, *Taking Shape: A New Contract between Architecture and Nature*, Oxford, Boston, 2001.
Pearman, H., and A. Whalley, *The Architecture of Eden*, London, 2003.
Sanders, Joel, 'Curtain wars: architects, decorators and the twentieth-century domestic interior', *Harvard Design Magazine*, 16, 2002, pp. 1–9.

致谢

感谢Catherine McDermott、Penny Sparke、Stephen Hayward、Stuart Evans、Jacqueline Thwaites、David Prestage、Paul Greenhalgh、Gwen Carr、Harry Massey、Robert Massey 以及库珀休伊特博物馆、纽约公共图书馆、帕森斯设计学院、维多利亚和阿尔伯特博物馆的国家艺术图书馆、金斯顿理工学院图书馆和克劳利公共图书馆的工作人员，没有他们的努力，此书不可能得以完成。

图片来源

图书在版编目（CIP）数据

　　1900 年以来的室内设计／（英）安妮·梅西著；朱淳，闻晓菁译．一增订本．一北京：
生活·读书·新知三联书店，2018.4
　　（艺术世界）
　　ISBN 978－7－108－05797－6

　　Ⅰ．① 1… 　Ⅱ.①安… ②朱… ③闻… 　Ⅲ.①室内设计－建筑史－世界
Ⅳ．① TU238-091

中国版本图书馆 CIP 数据核字（2016）第 212612 号

责任编辑　唐明星　　邵慧敏
装帧设计　康　健
责任校对　安进平
责任印制　宋　家
出版发行　**生活·讀書·新知** 三联书店
　　　　　（北京市东城区美术馆东街 22 号　100010）
网　　址　www.sdxjpc.com
图　　字　01-2017-5261
经　　销　新华书店
印　　刷　北京图文天地制版印刷有限公司
版　　次　2018 年 4 月北京第 1 版
　　　　　2018 年 4 月北京第 1 次印刷
开　　本　720 毫米 ×965 毫米　1/16　印张 18
字　　数　249 千字　图 235 幅
印　　数　0,001－8,000 册
定　　价　79.00 元
（印装查询：01064002715；邮购查询：01084010542）